食料自給は国境を超えて

食料安全保障と東アジア共同体

豊田 隆

花伝社

食料自給は国境を超えて——食料安全保障と東アジア共同体◆目　次

はしがき

本書は、東アジアにおいて進展する、食料安全保障のための地域協力による新たな国際秩序の構築に光をあてた。国際食料協力の新しい波頭である。

私たちがアジア諸国を旅するとき、母国の懐かしい風景を目の当たりにする。タイの国際空港に降り立ち、アユタヤをめざすとき、どこまでも広がる水田とさわやかな風に揺らぐ稲穂が続く。チャオプラヤ・デルタのアジア最大の穀倉地帯である。上海から蘇州へ向かう旅路には、数千年の悠久の稲田が黄金にゆれる。かつて華中から北上した稲作は朝鮮半島を経て、九州へ渡来した。そして下って明治の農法をささえた稲の品種「亀の尾」は、やがて台湾へ移植されて亜熱帯化され、戦後になるとフィリピン・ルソンの国際稲研究所での品種改良へ貢献した。「緑の革命」を担う高収量品種の一つである。中国東北・黒竜江省の三河平原、ベトナムの紅河流域やカンボジアへ広がるメコン・デルタにも懐かしい水田農村が広がる。さらに中国南部の貴州から桂林へ向かう車中からは、あたかも「竜の背」のような巨大な棚田群が展開し、早春には菜の花が咲き乱れる。少数民族の衣装を身につけた人々が水車を踏み、汗を流している。インドネシアのバリ島にもよく手入れされたテラス状の水田が美しい。このようにモンスーン・アジアは、稲作を土台とする人口濃密社会と、農耕の文化を創り上げている。トウモロコシ、麦、イモや豆とともに米が主食である。

「温故知新」「古きをたずね、新しきを知る」、アジアの稲作文化が生み出した人々の知恵は、グローバル化した現代の危険を管理する叡智としても、長い射程をもつ。近世日本の凶作や飢餓に苦しめられた人々は、不測の事態に備えて村々に米を蓄える郷倉《ごうぐら》を、村単位や数か村で設置し、公的な倉庫とした。はじめは年貢の一時的な保管庫であったが、やがて備荒貯穀倉として緊急時の救済や日常貸付けにも利用された。二〇一一年の三月一一日の東日本大震災の経験からみても、災害緊急時における食料支援は、飲料水・衣料・医薬品・住居などの生活資材支援とともに、現代の緊急援助の最前線である。

グローバル化した東アジアにおいて、稲穂の文化を共有する国々が、いわば「村々の郷倉」として緊急時の食料支援を行う保管米を申告し合う。これが東南アジア諸国連合（ASEANアセアン）一〇ヵ国と日本・中国・韓国三ヵ国の一三ヵ国で二〇〇二年に試験的に始まった「東アジア緊急米備蓄」（EAERR）パイロット事業である。これが二〇一二年七月、一〇年間の試行錯誤を経て、全加盟一三ヵ国政府・議会の承認を得て、国際条約に準ずる「東アジア（ASEAN＋3）緊急米備蓄」（APTERR）として正式に発効した。農業のもつ公共性が地域の連携を生み出した。これが本書の第一のテーマである。

近代日本の明治農法をささえた稲の品種「亀の尾」は、土地改良や肥料投入、水管理と相まって、高い収量増加をもたらした。篤農《とくのう》と言われた農民はそのプロセスを、水田面積の一坪（三・三平方メートル）あたりの米の収穫量である「坪刈《つぼが》り」として記録した。凶作や豊作の時系列データにより、収量を予想し、経営努力を評価した。大地の恵みに感謝し、その豊かさを競い合う村々の品評会も開かれた。食料不安への不断の備えであり、危機の情報管理である。「正しい統計情報なしに、有効な政策はない」。現代の東アジアにおいて、各国が共通の尺度を用いて農業情報を集積する。先発国から後発国へ情報技術を移転し、ＩＴ技術を駆使して貴重な情報を共有し、公表する。二〇〇三年に開始された「ＡＳＥＡＮ食料安全保障情報システム」（ＡＦＳＩＳ）である。主要農産物の国内利用量に対する国内生産量を示す「食料自給率」に加えて、国内利用量に対する期首在庫量を示す「食料安全保障率」という新たな指標を開発した。全加盟国がその二つのデータを開示することは画期的である。これが本書の第二のテーマである。

食料は生命の恵みをいただく有機物である。人々はその腐敗を防ぎ、食の安全を確保する努力を惜しまなかった。雪室のなかに野菜を蓄えた。肉や魚を香りの良い木材の煙で燻した。太陽と風にさらして干物にした。発酵菌を用いて味噌・醤油・酒・酢を熟成した。こうした食料の加工・保管・調理の連鎖が、やがて冷凍食品とコールドチェーン、ハム・ソーセージ、即席麺、各種の調味料などを生み出していった。それは農場から食卓へ至る有機物の流れ、フードチェーン（食料・食品連鎖）を管理するシステムをもたらす。タイ湾のマングローブ林で養殖されるエビは、バンコク近郊のマハチャイ水産団地へ運ばれ、衣をつけエビフライへ加工され、冷凍食品として日本へ輸出される。国境を超えて広がっているフードチェーンは、東アジアに食料生産共同体が生んだ。したがって東アジアに共通する食品安全政策が不可欠である。フードチェーン全体を視野に入れ、適正農業規範（ＧＡＰ：ギャップ）から国際標準規格（ＩＳＯ２２０００）へ至る、食品安全・連鎖管理のために、「食品安全トレーサビリティー・システム」が求められる。これが本書の第三のテーマである。
さらに、東アジアの共通農業政策の制度設計、食料安全保障の共通政策をどうつくるのか。日本産食料の輸出戦略とアジア共通市場を展望する、などの論点を加えて本書は編まれた。

本書では、貧困層・食料不安を抱える「小さき者」へのあくまで緊急援助の応急措置にすぎない緊急米備蓄の地域協力から出発し、ステップアップされる中で「食糧をめぐる国際秩序の構想」へ向かうであろうことを示したい。つまり、食料をめぐる地域協力の輪を積み上げていくと、「すべてを市場メカニズムに委ねる」、つまり「食料純輸出国が輸出を拡大する自由貿易による国際食料備蓄構想」という大国の覇権（ヘゲモニー）への従属でもなければ、貧困層へのしわ寄せでもなく、アジアの地域統合、その先には東アジア共同体構想へと論理的に接続する。まだまだ力が弱く、大国の圧力に押しつぶされながらではあるが、世界の趨勢と一致するロングランの長期展望である。それは、極端なナショナリズムによる「自立国家」論とは異なる。

本書は、「地域の食料安全保障」をキーコンセプトとする。ここでの地域（region）とは、「東アジア」「西ヨーロッパ」という、国を超えたまとまりを指す。つまり「人間の安全保障の一環としての食料安全保障」は、東アジアにおける域内各国の食料相互依存にもとづく地域協力によって構築され、「地域の安全保障」として実現される、というコンセプトである。食料安全保障は、国内農業による食料自給、農業生産力の維持を基礎とし、危機に備えた穀物備蓄や安定的輸入により、食の「安全・安心」が確保される。国家と地域の役割が重層する。新しい国際秩序である。その背景には狂牛病（BSE）、サーズ、鳥インフルエンザ、食品安全など、地域レベルのリスクと脅威の高まりがある。したがって、国際食料協力は、これまでの二国間協力を主体とするものから、次第に地域内の多国間協力へと戦略が変化してきた。EU（欧州連合）の共通食料政策はその最先端である。国際的な食品安全性の確保政策も同様である。日本の役割は、国際機関への付き合い的な財政拠出から脱して、独自の判断により、地域協力のルールや機能を強化し、アジア地域の国際秩序の平和的な形成をリードする財政役割へと変化しつつある。本書は、地域共同体を土台とする「食料をめぐる国際秩序の構想」と、その将来展望を示す。

なお本書の「食料」とは、①主食となる米・小麦・トウモロコシなどの穀物をはじめ、②農業で生産される果樹・野菜・畜産物などの農蓄産物と水産物、および③農水産物を原料として加工・製造される付加価値度の高い「食品」、緑茶などの「飲料」との、三類型を含む。つまり食文化をささえる食料として、広い意味でもちいている。これは食料・農業・農村基本法の用語法を踏襲したものである。なお、主に①の穀物を意味する場合には狭義の「食糧」を用いる。

第一部
東アジア地域食料協力の柱

タイの野菜農民

第1章　東アジア緊急米備蓄の創設

二〇〇八年の世界同時食料危機は、穀物在庫率の歴史的低水準に起因し、米国トウモロコシなどの穀物のバイオ燃料転換により小麦・大豆の作付けが競合し、穀物の全体需給を逼迫させたことによる。また新興経済国の旺盛な需要が、食糧をめぐる国家争奪、市場間争奪、農工間争奪を惹起した。さらに地球温暖化と異常気象、食料輸出国の輸出規制と投機ファンドの穀物市場参入が引き金を引いたことは共通認識である。同年、国連食料サミット（世界食料安全保障に関するハイレベル会合）は、バイオ燃料と気候変動の与える影響に対し、協調行動により途上国の農業生産を拡大し、食料安全保障を恒久的な国家政策とすべきと宣言した。すなわち緊急の食料支援、種子・肥料・飼料の供与、食料輸出規制の解除、農業投資の拡大、生態系保全農業の確立、食料・農業科学技術の投資をはかり、食料安全保障の見地から食料によらないバイオ燃料の研究を促進する、とした。

G8主要国首脳会議（洞爺湖サミット）「世界の食料安全保障声明」（二〇〇八年）も、投機ファンドへ警鐘を鳴らし、食料増産支援や国際食料備蓄などの非常時の食料価格安定のための政策提案を行った。その後の増産や世界金融危機下で食料価格は下落したが高止まりが予想され、食料危機が世界の食料安全保障へ与えたインパクトは大きい。より有効な現地備蓄を構想することが重要課題である。

そこで本章は、東アジアの食料安全保障を確立すべく、ASEAN＋3（日中韓）の東アジア農林大臣会合で合意された、災害・飢餓対応の食料備蓄・援助を目的とする東アジア緊急米備蓄というパイロット事業（先行的試験設計事業）に注目し、その展開実績と将来展望を解明したい。日本政府はこうした事業に対し、継続的に支援しており、東アジアにおける食料安全保障の「地域協力」試行の貴重な経験である。

一　地域の食料安全保障とはなにか？

食料安全保障の発展

フード・セキュリティー（地域の食料安全保障）の概念は発展を遂げている。通説的に、FAO（国連食糧農業機関）の一九九六年食料サミットは食料安全保障を「全ての人が、常に活動的・健康的生活を営むために必要となる、必要十分で安全で栄養価に富む食料を得ることができる」と定義した。それを食料問題研究者のタンゼイは、戦後直後の「すべての人は生存権である食料への権利をもつ」（一九四八年）から、「人は飢餓からの自由の権利をもつ、つまり飢餓にならずにすむ権利をもつ」（一九五六年）へ、さらにそれが「飢餓と栄養不足の根絶は国際社会の共通目標である」（一九七四年）へと広がり、ついに「食料の統治権の確立を」（二〇〇七年）という段階へ、時間をかけて進化してきた歴史的地平として解明した。

また日本のＪＩＣＡ（国際協力機構）は、食料安全保障を実現する開発戦略として、マクロな食料安定供給が、持続可能な農業生産による食料供給、および活力ある農村振興、貧困と飢餓の削減と一体化し、三者が立体的構造をとる、とする。つまり狭義の食料安全保障協力と、持続可能な農業支援協力、農村貧困削減協力の三者は相互に連携し、広義のフード・セキュリティーを実現する。その際、①地域・国家の巨大（マクロ）レベルの食料入手可能性、つまり食料調達力（フード・アベイラビリティー）の確保から、②中間段階にある地域社会の中間（メゾ）レベルの食料配分、つまり各人の食料接近（フード・アクセス）、③そして最終的には世帯と個々の人（ミクロ）レベルの栄養摂取、つまり食料利用（フード・ユース）の三つのレベルで、人間生存と食料安全保障を達成するとされている。そこでＦＡＯとＪＩＣＡにおける食料安全保障の具体化への道筋を検証しておきたい。

ＦＡＯの取り組み

ＦＡＯ（国連食糧農業機関）は、一九九四年から「食料安全保障特別事業」を実施し、食料生産・供給の安定、農村雇用の拡大、食料確保の改善に取り組んでいる。食料安全保障特別事業は一九九六年世界食料サミットにおける栄養不足人口八億人半減のミレニアム目標の手段である。同事業は、独自予算に任意拠出金を加味した寄付型（ドナー型）事業である。次の三つのタイプからなる。

①国家食料安全保障事業（ナショナルプログラム）を支援し、各国政府と連携し、灌漑施設の整

備・食料生産の拡大などの国内プログラムを推進する。②地域食料安全保障事業（リージョナルプログラム）として、地域経済機関と連携し、構造改革調整・貿易政策適正化などを実行する。③開発途上国間協力（南南協力）を組織し、食料増産協力・持続可能な生産・地域市場（リージョナルマーケット）の拡大などを実現する。

つまり、住民参加型の事業で、資金循環利用（毎月一定額を返済していくリボルビング払い）や資材供給、技術協力などを進め、また鳥インフルエンザ・砂漠バッタ対策、戦略的緊急復興などの広域協力をめざす。「食料安全保障特別事業」は、従来の国家を単位として完結するナショナル・セキュリティーに加えて、地域経済組織、国際援助機関、非政府機関などの多様な主体と連携する地域協力、多国間（マルチラテラル）の事業として一九九六年一一月の世界食料サミットで合意された。二〇〇一年から〇七年にかけて、インドネシア、ラオス、バングラデシュ、スリランカ四ヵ国で九〇二六農家を対象に、総事業費一三八九万八七一八ドル（約一五億円）で実施され、B・R・セン賞を受賞した。

二国間食料協力の国際協力機構

日本政府の開発援助の手法は、無償資金協力、技術協力、有償資金協力・円借款、国際機関への拠出からなる。日本の援助機関・JICA（国際協力機構）の食料安全保障の国際協力は、①飢餓・紛争・災害の場合の緊急支援（二国間支援と世界食糧計画経由）としての「食料援助」、②肥料・農薬・

機械の購入資金供与、増産自助努力支援の「増産援助」、③食料供給の上流、すなわち農業生産性の向上・農業技術協力と灌漑施設の整備などの食料自給、村づくり協力などの「農業・農村支援」を中心としてきた。

ＪＩＣＡの進める「食料安全保障」は、相手国政府の要請による二国間（バイラテラル）協力の特徴がある。したがってそれを踏まえて、日本政府の東アジア食料安全保障の地域協力への側面援助として、政策アドバイザーを拠点国のタイ政府へ派遣するなど、二国間協力を実施してきた。

このような食料安全保障協力は、国家を単位とした食料自給向上の国家安全保障のための二国間協力を基礎としつつ、東アジア食料安全保障の地域協力などの地域安全保障の地域協力を実現する水平構造を示している。本書は、一九九七年アジア通貨危機以降、とくに二〇〇二年日本ＡＳＥＡＮ包括的経済連携、および小泉首相（当時）による「東アジア共同体構想」から強まる、東アジア地域協力の一環として、日本が主導した地域食料安全保障の協力を検証する。東アジア食料安全保障協力をすすめた要因は、ＡＳＥＡＮの動きとともに、日本の食料安全保障協力の仕組み構築の積極姿勢もその要因の一つである。

二〇〇〇年一月に開始されたＷＴＯ（世界貿易機関）のドーハ・ラウンド農業交渉において、日本政府は一二月に貿易自由化推進以外の非貿易関心事項の重要性を主張する提案を行い、その中で食料安全保障についての国際協力の推進、とくに食料備蓄についての国際協力の提唱を行った。日本の農水省の国際交渉担当者にとって「食料安全保障の強化」は、「農業の多面的機能」とともに極端な貿易自由化にたいする抑制論として、論理の二本柱であった。それは新食料農業農村基本法の理念とも重なっている。また日本は東アジアにおいて資金・技術の農業協力や食料安全保障協力の分野において大いに貢献すべきである、という論調もあった。こうして、日本とＡＳＥＡＮ諸国との擦り合わせを経ながら、東アジア食料安全保障協力を、ＡＳＥＡＮ内部の協力の延長上を基礎に、これを広げて、ＡＳＥＡＮ＋３の活動の一部として推進されていった。以下に見る通りである。

二　東アジア緊急米備蓄の展開

東アジア緊急米備蓄（ＥＡＥＲＲ）のパイロット事業の展開実績と将来展望について、以下の五点を解明したい。①緊急米備蓄の基本使命と将来構想、②緊急米備蓄の基本戦略と装備している機能、つまり米備蓄の二形態――中告在庫の構築と緊急時の現物在庫の拠出、③緊急米備蓄の四つの米放出形態、中告在庫を放出する第一階層―第二階層、緊急援助米として現物在庫を放出する第三階層、および備蓄期限切れの現物備蓄を放出する貧困削減の放出枠組み、④緊急米備蓄における財政支援の現状と問題点、⑤緊急米備蓄が人道的公共的備蓄へ発展するための政策協調の課題、である。

1　食料人道支援の四プログラム

申告備蓄方式を考案

第一回―第三回（二〇〇一年―〇三年）の東アジア一三ヵ国農林大臣会合は、東アジア緊急米備蓄の骨格や主な調整国、設置場所などを決定した。これに沿って二〇〇四―〇六年に三ヵ年のパイロット事業（先行的試験設計事業）が実施された。さらに細部をつめるにはなお時間が要することから二〇〇七―〇八年は単年度事業として二回延伸され、二〇〇八年の同ハノイ会議は、二〇一〇年二月までの三次延伸を決めた。こうした背景にはいかなる事情があるのか。

ＡＳＥＡＮは、遡ること二五年前の一九七九年に古いタイプの「ＡＳＥＡＮ食料安全保障備蓄協定」を締結していた。一九七六年ＡＳＥＡＮ友好協定は、食料をめぐる地域内の国家間協力を強化しようとしていた。一九七九年「ＡＳＥＡＮ緊急米備蓄」（ＡＥＲＲ）は、緊急時に各国が、それぞれ国内用に備蓄している中から一部の拠出をあらかじめ約束しておくという、申告（earmark）備蓄方式を考案し、出発した。

五つのＡＳＥＡＮ原加盟国（インドネシア、マレーシア、フィリピン、シンガポール、タイ）は、これに合意し、管理・調整組織として、ＡＳＥＡＮ食料安全保障備蓄委員会（ボード）を設立し、ＡＳＥＡＮ緊急米備蓄を構築した。しかし一九七九年のこの組織は、その後も二〇年以上の長期にわたり緊急事態・災害に対しても効果的に発動されなかった。その理由は、加盟各国の責任が未確定であり、災害時の発動プログラムと運営指針と管理基準に不備があったことによる。

その問題を解決するため、二〇〇一年ASEANワークショップは、従来の枠組みを改善し、新しい米備蓄システムを設立するための調査研究を提唱した。二〇〇一年第一回ASEANに日中韓を加えた東アジア一三ヵ国農林大臣会合は、調査研究の開始に合意した。国際協力機構（JICA）の財政支援研究チームの調査研究結果を受けて、二〇〇二年第二回東アジア農林大臣会合は、東アジア緊急米備蓄のパイロットプロジェクトの立ち上げに合意した。日本とタイの二ヵ国が調整国となり、日本政府は、農林水産省を通じ財政支援を行い、タイ政府は事務局の設置場所・事務局員の提供などの現物支援を行った。この同事業の目的は、恒常的組織としての東アジア緊急米備蓄の実現可能性と効果を検証し、備蓄機構と放出機構とを決定することである。すでにみた苦い経験が活かされて基本使命と周到な将来構想、基本戦略と機能についての具体的な設計に共同努力が重ねられたのである。

東アジア緊急米備蓄の発展

東アジア緊急米備蓄（EAERR）の基本使命は、各国および食料不足に悩む貧困地方や世帯の単位にまで目配りして、食料安全保障を強化し、持続可能で効率的に米備蓄を管理し、米価格の安定へ貢献することに置かれた。そして、その将来構想は、食料安全保障を確保するため、人道的な基盤とビジネス原則に立脚し、地域協力をリードする。大規模災害や緊急事態の食料危機に対処し、米を貧しい人々へ支給する。情報を提供し、知識と経験を分かち合う。食料の権利にもとづき、人々の栄養状態を改善することにある。

東アジア緊急米備蓄の戦略と機能とは、①加盟国が優先充当米として申告した申告備蓄在庫、および②現物備蓄在庫を構築する、③余剰国や不足国双方の多様な立地倉庫に備蓄米を保管する、③加盟各国の強力な政治意思により支援される、④不測の米価格の変動を解決し、地域内の米のやりくりを円滑化させる、⑤農民の所得と福祉を増進させる、として設計されている。

当初の東アジア緊急米備蓄機構のパイロットプロジェクトは、二〇〇四年三月から三ヵ年の経過した二〇〇七年二月完了の予定であった。しかし災害へ対処する現実的な運営のためには多くの経験と知識が必要とされ、事業は三回延伸された。同時にASEAN＋3（日韓中）による東アジア緊急米備蓄（EAERR）の設立は、ASEAN緊急米備蓄（AERR）の廃止を意味せず、両者は相互補完の関係にある。

両者の差異は、第一に、加盟国がASEANからASEAN＋3へ拡大した。第二に、緊急米備蓄のタイプが申告米備蓄に現物緊急米備蓄を加え、二類型へ拡充した。

第三に、緊急米放出は米放出階層（Tier ティア）と呼称される独自の異なる四つの事業指針（第一―第三階層、およびPAME）のもとで実施される。つまり申告米備蓄は、あらかじめ事前調整された第一階層（Tier 1）―第二階層（Tier 2）で放出される。現物米備蓄は、緊急被災者支援の第三階層（Tier 3）か「貧困削減・飢餓克服事業指針」（PAME）のもとで放出される。貧困削減事業は、現物備蓄米が特定期間（一二ヵ月）以上利用されない時に、その備蓄期限切れ米を福祉増進と低栄養改善のために放出される。以上四つの備蓄米の出口枠組みが用意された（図表1）。

第四に、加盟各国代表とASEAN事務局とから構成される管理・調整組織である事業運営委員会、

図表1　東アジア緊急米備蓄

A　備蓄方式と放出プログラム

2つの備蓄方式	4つの放出プログラム
Ⅰ　申告備蓄 各国が保管、費用負担	①第1階層 域内2国間で事前合意し、公的購入契約を締結。必要時に申告備蓄を有償放出
	②第2階層 FAO・WFPと連携、申告備蓄を長期貸借（5―10年）で放出
Ⅱ　現物備蓄 各国政府が東アジア緊急米備蓄機構に寄贈し、緊急時に放出	③第3階層 災害直後に緊急援助米として放出（日本政府寄贈分1512トンを放出）
	④ PAME 貯蔵が1年経過した現物備蓄米を、貧困削減・飢餓克服の目的で、労働対価食糧として放出

B　各国の申告備蓄米（2009年段階）

1）ASEAN諸国

（トン）

	国	備蓄米量
裏書き形式	1タイ	15,000
	2ベトナム	14,000
	3インドネシア	12,000
	4フィリピン	12,000
	5マレーシア	6,000
	6ラオス	3,000
	6ヵ国計	62,000
仮契約	1ミャンマー	14,000
	2シンガポール	5,000
	3ブルネイ	3,000
	4カンボジア	3,000
	4ヵ国計	25,000
	合計	87,000

2）ASEAN＋3

（トン）

国・地域	備蓄米量
ASEAN加盟国	87,000
日本	250,000
中国	300,000
韓国	150,000
計	787,000

および局長級の事務局長のもとで、年間計画と予算を策定し、業務を担当するタイ・バンコクのカセサート大学キャンパス内の一隅に常設された事務局をもつ。

2　申告備蓄米の流れ

備蓄枠組み

まず緊急備蓄米の備蓄枠組みの流れをみよう。当初の構想は共同米備蓄五万トンから出発し、最終的に一七五万トンまで拡大する計画であった。備蓄量の目標数値は、タイ政府農業協同組合省・チュラロンコン大学共同研究は一二五―一五〇万トン、東アジア緊急米備蓄の事業運営委員会はパイロット事業段階で六〇万トンとした。

実際には、緊急時に放出可能数量を申告する申告備蓄は、二〇〇八年まで三三万七〇〇〇トンにとどまったが、二〇〇九年四月、六三万七〇〇〇トンへ増加した。内訳はＡＳＥＡＮ各国の合計八万七〇〇〇トン、日本二五万トン、中国三〇万トン、韓国は検討中でゼロであった。さらに二〇〇九年末までに、申告米備蓄は七八万七〇〇〇トンに達した。内訳はＡＳＥＡＮ加盟国八万七〇〇〇トン、日本二五万トン、中国三〇万トン（二〇〇九年四月表明）、韓国もゼロから一五万トン（〇九年一〇月表明）へ前進した。この各国の申告備蓄の放出可能数量がのちのＡＳＥＡＮ＋３緊急米備蓄機構へ引き継がれる。

二〇〇九年段階におけるＡＳＥＡＮ八万七〇〇〇トンの各国の内訳は、①すでに誓約書に年月日入りで裏書形式のもっとも信任度の高い正式契約は、タイ・ベトナム・インドネシア・フィリピン・マレーシア・ラオス六ヵ国計六万二〇〇〇トンである。②また各国内閣・各省の承認を受けるための「国内調整の結果待ち」形式の仮契約は、ミャンマー・シンガポール・ブルネイ・カンボジア四ヵ国計二万五〇〇〇トンである。

このような契約形式の成熟度や申告量に各国の東アジア緊急米備蓄に対する姿勢や熱意の度合いが見られる。申告米備蓄は、実際は加盟国の国家米備蓄の一部をなし、たとえばインドネシア政府は、約一五〇万トンの国家米備蓄を保有しており、うち一万二〇〇〇トンを申告米備蓄として誓約した。申告米備蓄は、各国が保管し、備蓄米の購入と備蓄、維持運営費用は、各国が負担する。日本は、食糧法で国産政府米一〇〇万トンの適正備蓄を目標とする。その政府備蓄米の一部および、ミニマム・アクセス米、すなわちWTO（世界貿易機関）との合意による日本の最低輸入機会米の期末在庫（二〇〇八年三月末現在一三七万トン）の一部を、援助米として活用する。日本は、国家備蓄米を基盤として、二〇〇五年三月第四回運営委員会において、誓約書に裏書された申告備蓄二五万トンを申告し、イニシアティブを発揮してきた。

しかし申告備蓄は、一九七九年のASEAN旧協定から始まったが、緊急米備蓄への切り替え後も、三〇年の歴史のなかで一度も機能しない。申告備蓄米を発動するためには、各国が財政を負担する責任を負い、かつ申告備蓄米を発動させる、より効果的な仕組みを構築することが緊急課題であった。

在庫放出の枠組み

つぎに在庫放出の出口枠組みをみよう。米放出政策指針は、各備蓄の定義と放出原則、供給国・受け取り国・仲介者の三者の責任を明記する。放出の出口枠組みは、つぎの四つの階層の取引指針からなる。

まず第一階層（Tier 1）は、申告備蓄米の加盟各国相互間における、政府が保有する備蓄米の公共目的の商業売買による取引指針である。第一階層は、各国間合意による公的「先物取引」であり、ビジネス原則を踏まえ、東アジア緊急米備蓄機構の仲介により、米余剰国と米不足国との二ヵ国交渉によって、災害発生以前に合意覚書と購入契約などの二国間協定を締結し、災害発生時にあらかじめ合意された取引条件で申告備蓄米を売買形式で放出する。つまり一般的な商業的な米取引における重要な要素である、「価格・品質・支払い期間・配送時期・荷揚げ港湾」などを双方で事前に合意しておく。合意覚書は双方の関係大臣が、購入契約は政府指定代理人が署名する。受け取り国は、放出米を災害被災者の支援にのみ利用する。輸入税や通常取引に必要な輸入に伴う義務を免除する。単なる商業契約ではなく、当事者の協力の精神と相互理解を基礎とする。協定に伴う紛争に際し、ペナルティーや裁判所の関与がある。交渉における米の取引価格は、市場価格に基礎をおくが、交渉妥結後は国際価格が高騰しても固定される。「買付取引権」（コール・オプション）の形式をとる。支払い期間は三―六ヵ月、米品質は中位、精米の砕米含有比率は一五―三五％である。

たとえば、後にみるように、ベトナム政府は国有の余剰米一万トンを申告備蓄米で拠出し、第一階層により災害用に使用するフィリピン政府へ譲渡する二ヵ国間交渉が進展した。両国相対の申請で、事務局が仲介し、契約書を締結し、価格を決定する。両国間折衝は五ヵ年間の事業計画で内容的には基本的に合意し、第一階層の取引指針の実際的な細部はすでに完成している。

第二階層（Tier 2）は、大災害の発生時に各国の申告備蓄米在庫を利用して、無償・有償の大規模な援助を行う枠組みである。第二階層は、申告備蓄米在庫を国際機関であるＦＡＯ（国連食糧農業機関）や世界食糧計画が認定した緊急食糧支援の目的のために、加盟間の大規模大災害に際し、支払い期間が五―一〇年と長い。二ヵ国間の長期賃貸借によるか寄贈により、申告米備蓄を放出する取引指針である。有償援助には、長期貸し付けも含まれる。無償援助は援助国（ドナー国）が全額拠出する。この第一―第二階層の取引指針が、申告備蓄米の出口放出取引の枠組みである。ここまでの合意に多くの期間が費やされた。次章で詳しく実態を検証する。

3　現物備蓄米の緊急支援放出（第三階層）

東アジア緊急米備蓄機構の第三階層（Tier 3）は、各国が積み上げた現物備蓄在庫を、緊急米備蓄機構事務局を仲介して、災害発生後の受け取り国へ、緊急援助米として放出する取引指針である。①加盟国の要請にもとづき、現物緊急米備蓄を要請量によって放出する。②あるいは自動的発動機構により、被災者緊急支援とし、この第二ケースでは、五〇トンを上限とし放出する。寄贈国は、受け取り国を決定する権利を保有し、受け取り国は、大災害の発生時に現物米備蓄を使用する優先権を保有し、米の品質管理・貯蔵・運輸費用を支払う。なお援助国が現物備蓄米を運輸する。

加盟一三ヵ国中インドネシア・フィリピンなどは、災害に弱い国であり、東アジア緊急米備蓄における受け取り国に適合する。援助米の所有権は、受け取り国への入港時点で、緊急米備蓄機構事務局から当該国に移動する。緊急米備蓄機構を仲介とする政府間の事実上の寄贈である。

第三階層による災害時の人道支援の実施例として、①加盟国の要請にもとづき、日本政府の貢献により日本政府保有米から、二〇〇六年フィリピン（火山、台風、タンカー沈没など続発）へ九五二トン、〇七年カンボジアへ三八〇トン、〇八年インドネシア（ジャワ島洪水）へ一八〇トンの小計一五一二トンの緊急援助がそれぞれ放出された。現物備蓄米は、すでに日本政府からASEAN事務局を仲介して米備蓄事務局へ拠出された資金によって米備蓄機構事務局が買い取る形をとる。実質的には日本から災害国への寄贈であるが、緊急米備蓄機構事務局のイニシアティブが発揮されることが鍵となっている。

第三階層は、災害の初期発動に機能し、現物備蓄した日本政府の国産米の適正備蓄米および輸入ミニマム・アクセス米（タイ米・ベトナム米など）を放出する。政策指針上の保管期間は最長一年であるが、以上の試験事業では最短で三ヵ月備蓄した米から放出する。日本からの拠出米は、ジャポニカ米とインディカ米の双方からなる。日本国内の低温倉庫で、摂氏一五度程度に保管されていた米について、出港の三週間前から、常温に慣らせる穀温調整作業を行った後に出庫する。

こうして国家備蓄米による緊急米備蓄機構を仲介した海外食糧援助の手法が整備された。なお緊急米備蓄機構からの放出にあたっては、「管理運営手続き標準規格（草案）」を遵守し、加盟国の緊急在庫の利用や、被災国政府などの災害宣告、国連世界食糧計画や赤十字社などの災害評価、国際機関からの援助要請などが前提となっている。

4　貧困削減・飢餓克服のプログラム（ＰＡＭＥ）

さらに緊急米備蓄機構は、試行錯誤を経ながら、約一年間（一二ヵ月）の貯蔵期間が経過して、商品価値の低下した現物備蓄米を、貧困緩和へ用いるために、破損した水利・灌漑施設の復旧などの労働の対価として給付・供与する「貧困削減・飢餓克服を目的とした放出取引」（ＰＡＭＥ）を創出した。緊急米備蓄機構が定めた「緊急米備蓄貧困削減・飢餓克服のための在庫放出の政策指針」は、①「食料援助のための米放出事業指針」と、②「道路・衛生・学校、水利・種子・肥料などインフラ整備のための労働の対価食料（Food for Work）型事業指針」の二形態を整備した。世界食糧計画の災害緊急支援局と連携し、赤十字社、非政府組織、村落共同体とも協力し、犠牲者へ米を配給する。

緊急米備蓄機構は、ＦＡＯ（国連食糧農業機関）の「食料安全保障特別事業」を参考とし、受け取り国のラオス・インドネシア・カンボジア諸国へ実施した。新規の水田造成・水利施設の整備、農業生産性の向上、農民の研修、福祉増進の活動、栄養状態の改善、世帯所得の向上などの地域共同体を基礎とする食料安全保障を確保する地域活動を指導した。次章で実態を検証する。通常は、災害が予想される受け取り国に備蓄され、優先利用される。受け取り国は、米の備蓄・維持運営費用を負担する。

特に、ラオス政府との共同で「貧困削減・飢餓克服を目的とした放出試験事業」を実施し、事務局保管の現物備蓄在庫を貧困削減へ用いる仕組みを検証した。世界食糧計画の労働の対価食料供給事業は、食料現物を労働対価として配布する。次章で見るように、ラオスのビエンチャン県バンキ村では、貯水池からの水路の改修、水門の設置、堰の泥清掃などの労働へ一人一日米三キロを配布する。また水質浄化用のフィルターを資金補助し、浄水を販売して維持費を賄う。つまり自助努力を尊重しつつ、原資を回収して資金を再利用し（リボルビング）、事業を再生する事業計画である。

5　各国間の調整課題

日本の財政拠出とＪＩＣＡ専門家派遣

日本政府は財政支援として、ＡＳＥＡＮ事務局との間で公文書を交換し、東アジア緊急米備蓄機構へ二〇〇八年（平成二〇年）で五五万ドルを拠出した。その内訳は事務所経費など三〇万ドル、米の現物拠出二五万ドルである。東アジア緊急米備蓄機構の所管機構である運営委員会は、年二回程度開催され、各国間合意のもとに運営される。会計年度は日本の会計年度に準拠し四月開始、三月終了だが、実態上は毎年二月末を年度末としている。

ＪＩＣＡ（国際協力機構）の農村開発部は、日本政府への側面支援として、二〇〇四―〇八年の五ヵ年間にわたり、タイ・バンコクにある東アジア緊急米備蓄機構とＡＳＥＡＮ食料安全保障情報システムの二組織へＪＩＣＡ長期専門家（政策アドバイザー）を派遣した。外務省所管のＯＤＡ予算により農水省国際部と統計情報部のエキスパート職員を出向させたものである。

東アジア緊急米備蓄の問題点は、資金拠出と各国の国内調整にある。さしあたり制度上の整備で事足りる申告備蓄とちがって、現物の米の備蓄には相当の費用がかかる。現物備蓄コストは世界穀物価格の上昇に連動して増大する。東アジア緊急米備蓄のシディック前事務局長の推定によれば、米の備蓄コストは、平均して約一トン一年当たり一万円とも言われる。日本政府による備蓄の場合、食糧庁による国家米備蓄であり、国内備蓄コストは米の購入コスト（米価）に連動するため、アジア各国の備蓄コストよりさらにかさむ。必要な資金をいかに調達するか。しかし米備蓄機構への財政支援は「日本任せ」の現状にあり、ASEANの自助努力が求められる。

G8洞爺湖サミットは、人道目的の国際的な「仮想的」食料備蓄制度を創設し、世界レベルで各国の国別穀物の備蓄量の設定、在庫管理システム、非常時の市場放出・価格安定システムの構築を提起した。地球温暖化と異常気象、緊急事態に備える地域協力組織としての東アジア緊急米備蓄はその先駆的なパイロットとなりうるのか。そのためには備蓄在庫を充実させる財政確立の意義は大きい。

各国間の政策協調

東アジア緊急米備蓄機構において、各国間の政策協調がいかに行われ、いかに制度設計してきたのか、その過程をふり返って検討したい。この機構は、ASEAN+3（日中韓）内部における経済格差と米需給の多様性を抱える。米輸出国タイ・ベトナム、米輸入国フィリピン・インドネシア・ラオス、米自給国日本・中国・韓国などの多様性があり、微妙な対応差もある。東アジア緊急米備蓄は災害に備えた自助努力を尊重した互助制度である。各国間の利害を調整し、人道的公共的な備蓄への政策協調を行い、いかに事業を具体化するか。地域協力の制度設計が不可欠である。

第一の課題は、ASEAN内部の多様性を尊重する互助原則の確立である。同機構の中間評価をめぐり、米輸出国のタイと国民総生産の大きいシンガポール・ブルネイは評価に慎重であった。これに対して米不足国のフィリピン・インドネシアは評価に積極的であった。やがて食料危機と価格高騰は、政治状況を変化させ、タイ・マレーシア・ブルネイなども積極的に評価する立場に転換した。ASEAN内部の多様性を尊重する財政の互助原則を確立した意義は大きい。

第二の課題は、人道的公共的な備蓄原則と米放出制度の構築である。タイの申告米備蓄在庫は一万五〇〇〇トンであり、八〇〇—一〇〇〇万トンの米輸出能力からみて決して多くはない。輸出国にとって、「食料輸出規制」や市場的商業的な備蓄は、供給を制限し、高価格を維持する機能をもつ。これに対して人道的公共的な備蓄は、災害・飢餓時に備蓄を放出させ、食糧援助・貧困削減・インフラ復旧として機能する。食料安全保障は、難民や内乱、社会不安を回避する社会的効果が大きい。各国の政策協調をはかり、投機資金の穀物市場参入を規制し、人道的公共的な備蓄原則と米放出システムの構築が不可欠である。

第三の課題は、日本・中国・韓国三ヵ国の連携である。中国は当初、穀物の国内調達を優先し、農業部は生産を担当し貿易・援助の権限がなく、東アジア緊急米備蓄参加に踏み切れなかった。ようやく二〇〇九年四月中国はASEAN事務局に対して申告米備蓄三〇万トンを申告した。これは温家宝首相（当時）のトップダウンの決断の結果と言われている。また韓国は、歴史的な経緯から、北朝鮮への食料援助を最優先とし、他国援助の経験がない。日韓連携による食品安全性の共通政策と米共同備蓄の構想も提起されているが、こうした背景を抱えながら日中韓の三ヵ国の地域連携が課題となった。

以上の政策協調の過程をへて、第2章でみるように、ようやく条約に依拠する正式な国際制度、「ASEAN＋3（東アジア）緊急米備蓄機構」（APTERR）が二〇一二年に成立した。

第四の課題は、穀物需給に影響のあるバイオ燃料の生産誘導と規制、市場調整機能の発揮である。米生産支援、芋類などの多様な農産物の増産、農業技術の革新が求められる。南洋油桐（ジャトロファ）など非食料のバイオ燃料作物の活用、第二世代バイオ燃料の実用化が急務である。食料需給政策と、食料・環境・エネルギーを統合した東アジア共通政策の樹立が課題となっている。

共生制度を展望する

東アジアを範囲とした食料安全保障の地域協力は、今後も重要である。二〇〇八年八月ASEANの高級事務会合は、「ASEAN統合食料安全保障」（AIFS）構想と「戦略的行動計画」を発表し、その検討を開始した。ASEAN統合食料安全保障構想は四つの柱からなる。長期的な食料安全保障は、①農業イノベーションと農業投資拡大、②域内の食料貿易の開発である。短期的な食料安全保障は、③第3章にのべる食料安全保障の情報整備、④東アジア緊急米備蓄における緊急米放出の迅速な実効性の確保である。しかし一九七九年設立の「ASEAN食料安全保障備蓄委員会」は津波やサイクロンにも発動しなかった。二一世紀の東アジア緊急米備蓄の財政も「日本任せ」の現状であり、各国財源の移転財政（トランスファンド）組織、利子補填、備蓄と放出をどう構想するのか、制度化の詰めが課題であった。

東アジア食料安全保障の地域協力を展望すると、制度の共同化が鍵となる。東アジア一三ヵ国（ASEAN＋3）農林大臣会合における各国各省の所管範囲は異なる。日本は農水省が生産から流通・貿易、緊急備蓄までを所管する。これに対してたとえば、タイの農業協同組合省は生産のみ、緊急米備蓄は首相府、食料援助は社会福祉省の所管である。中国も農業部は生産のみ、緊急米備蓄は国家主席の所管である。国家行政制度の差異は、東アジア農林大臣会合の合意を阻害してきた。

また東アジア地域協力の枠組みは、国際法上不安定な位置にあった。ASEAN（東南アジア諸国連合）自体は、国連も承認した国際条約に基礎をおく。しかしASEAN＋3は、長らく国際法上の正式機関ではなかった。東アジア緊急米備蓄の申告米備蓄在庫を各国が処理する際に、国内法上の手続きにおいて法的な根拠の位置づけができなかった。それが二〇一二年に「ASEAN＋3の緊急米備蓄」（APTERR）として、国際条約に準拠する組織へ整備された意味は大きい。今後は、食品安全基準の共通化も含めて、東アジアにおける制度の共同化、ASEAN＋3の国際法上の明確化、東アジア農林大臣会合の恒常的事務局の設置など、高いレベルの政治的イニシアティブが求められている。

第2章　東アジア緊急米備蓄の本格化へ

本章は、東アジアにおける食料安全保障の地域協力、特にＡＳＥＡＮ＋３（日中韓）で合意された、災害や飢餓・貧困へ対処する東アジア緊急米備蓄のパイロット事業の備蓄と放出の構造を解明する。とくに典型的な実態を、受け取り国のフィリピンとラオスを事例として、現地実態調査を踏まえて検証したい。あわせて、二〇一二年七月にＡＳＥＡＮ＋３（日本・中国・韓国）の一三ヵ国が参加する、国際条約に準拠する法的組織として「東アジア（ＡＳＥＡＮ＋３）緊急米備蓄機構」（ＡＰＴＥＲＲ）が、整備されたことをふまえて、これまでの緊急米備蓄の限界面と今後の転換局面を、制度的・技術的・財政的な観点から考察する。

一　フィリピンにおける緊急米備蓄の実態

食料不安は貧困の深刻な帰結である。フィリピンの貧困ラインは、平均的五人家族・一世帯あたり年間七万五二八五ペソ（二〇〇六年。一ペソ＝二・六円として、約一九万円）、一人当たりの所得で一万五二二七ペソ（四万円）および、一人一日当たり栄養摂取二〇〇〇キロカロリーを基準とする。国家統計局の統計における貧困率は三二・九％、貧困者数は二七六一万人である。所得不平等度のジニ係数は〇・四五八〇と高い。特に農村の貧困率、貧困の深度・重度が高い。

フィリピン国家食糧庁は、貧困層へ貧困・飢餓削減のために、公的金融支援を受け取れる貧困者向きの小口金融制度（マイクロファァイナンス機構）を利用できる「アクセス・カード」を配布する。食料不安・飢餓は、貧困のもっとも深刻な表現である。

フィリピンは「緑の革命」で米生産性を向上させたが、人口増加のもとで近年食料輸入が増加し、食料自給率は九〇％へ低下した。ＦＡＯ（国連食糧農業機関）によれば、二〇〇八年食料危機に際し、フィリピンは多くの犠牲者を生んだ。一人一年間に平均一二七・三キロの米を消費するが、主食の米が不足し、一トン当たり一二〇〇ドル（約一四万円）へ急騰、日本など各国や世界銀行の支援を受け、高米価の買い付けを余儀なくされた。

七一〇〇の島々、一一〇の被災高リスクの島からなるフィリピンにとって地政学上から緊急米備蓄は重要である。大災害に際し、島々は孤立し救援を必要とする。特に西ヴィサヤ地方パナイ島、ビコール地方レガスピ市・アルバイ郡は台風が常襲する。マヨン火山噴火では、避難者が多数発生し、食料供給と仮設住居を不可欠とした。国家食糧庁は、農業者に対し肥料・灌漑プロジェクトを支援し、米を増産し、二〇一三年の食料自給を目標とした。

申告備蓄米放出の第一階層――フィリピン・ベトナム二国間契約

申告備蓄米放出の第一階層として、東アジア緊急米備蓄（ＥＡＥＲＲ）が仲介し、フィリピン政府とベトナム政府との二国間交渉が進展していた。両政府による米取引の重要な要素である「価格・品質・支払い期間・配送時期・荷揚げ港湾」などを事前に合意した合意覚書は、双方関係大臣が署名した。米輸出の技術協定である購入契約は、指定代理人が署名した。「米の取引価格と支払い期間（六ヵ月）・利子・米品質（中位等級の精米・砕米含有比率一五―三五％）」が購入契約で定められた。

しかしベトナム政府の農業農村開発省・国家備蓄局は、合意覚書と購入契約の署名後において、一万トン放出を実施できなかった。ベトナムの自国内災害によりその緊急支援のため、ハノイの米市場価格が上昇しており、ベトナム政府の農業農村開発省・国家備蓄局は、国家在庫の米輸出を禁止して、国内需要と国内援助を優先した。申告備蓄米放出の第一階層は商業取引であり、市場と商業的条件に左右される。法務局も合意形成に努力し、財務省も関与するが、最終発動は双方の国益に依存する。商業的慣習とは異なる「政府と政府間の合意」のために、発動のハードルが高くなった。

日本寄贈の現物備蓄米による第三階層放出の実態

フィリピン政府は、二〇〇六年台風・地震・火山噴火など自然災害やタンカー沈没に際し、東アジア緊急米備蓄へ現物備蓄米放出の要請を行い、日本政府は国家備蓄米九三九トンを第三階層放出米として寄贈した。一般的な自動発動機構は、自然災害後七日で五〇トンを限度とし、備蓄米を放出する。しかし今回は相手国の要請により、災害規模が極めて大きく、放出期間は台風で三日であるが、火山噴火では被害が大きく、被災者避難が一ヵ月以上におよび長期化するため、緊急支援の米放出量も大量となった。

日本政府の第三階層の放出米は、東アジア緊急援助米となり、まず日本から出航し、マニラ首都圏の港へ搬入され一時保管する。フィリピン国内の備蓄米放出制度は、国内救援の道を整備する。地政学的特質から島・僻地へのアクセスは悪い。災害常習地のルソン島ビコール地方（レガスピ市・アルバイ郡）やヴィサヤ地方（パナイ・セブ・レイテ各島）には、ある程度の地方備蓄米を構築してある。そこで災害初期には、まず地方備蓄米を放出し、事後にそれを東アジア緊急米備蓄から入った緊急支援米と交換する。これを米交換制度という。

フィリピン政府の社会事業局は、地方政府や非政府組織と協力し、軍用車を利用した治安対策上の放出米の運輸方法、地域学校への避難者センターなどの配送地方拠点、被災者分配法などの緊急米放出制度を定める。そしてコストを負担する。一家族一日当たり配給量は、米二キロ（一人一日三四〇グラム、家族六人一・八キロ換算）と麺類・牛乳・砂糖を組み合わせた「食料詰め合わせ（パッケージ）」である。五〇トンの場合には、平均で一日二万五〇〇〇世帯へ配分される。第三階層放出米と国内備蓄米が一体的に運用され、そこへ日本米も分配された。地方政府の権限は、非常時の国家災害調整評議会へ委譲され、県単位に地方災害調整評議会が設置され、危機対応の一元体制をとる。

日本が資金を拠出し、米備蓄機構の事務局が買い取る形での「寄贈米」の放出は、被災者に好意的に受け入れられている。フィリピン政府からは日本大使が感謝のために招聘され、政府報告書も提出された。年間平均二二回の台風襲来や火山噴火・地震がある中で、災害時の食料安全保障は重要である。第三階層放出は貴重でありフィリピン国家食糧庁などから高く評価されている。

二　ラオス山間部での経験

貧困と食料不安

ラオスの国土は、森林・潜在森林比率が九〇％と高く、農耕地は四％にすぎない。国民総生産（GDP）に占める農業比率は三〇％あるが、山間部水田の生産性は低く、一ヘクタール当たり米収量は平均三・五トンである（日本の全国平均は、二〇一四年で一ヘクタール当たり米収量は五・三トン）。焼畑農業も残存し、独特の糯米を主食とするラオスでは食料自給をめざすが、二〇〇九年には洪水被害四万ヘクタールや旱魃被害五五〇ヘクタールなど自然災害が多発し、食料不安を抱える。山岳丘陵地帯の一一地域で米が不足し、食料安全保障は重要課題である。そのためラオス政府はスポット米備蓄五万三〇〇〇トンを米穀貿易企業へ業務委託し、また国家直営事業で種籾五〇〇〇トンを備蓄する。

他方では貧困も深刻であり、「第六次国家社会開発計画」や「国家成長貧困撲滅戦略」は、山岳部・北部・東部における貧困削減を重視する。二〇〇五年の貧困率は全国平均三五％に達し、特に農村貧困が深刻である。貧困ラインは、一ヵ月八万五〇〇〇キップ（約一〇〇〇円）の所得と一ヵ月一六キロの米（一日あたり五〇〇グラム）、一日一人当たり栄養摂取カロリーは二一〇〇―二二〇〇キロカロリー、その他の衣料・住居・医療・教育などの消費支出水準で決定される。農地の規模は零細で、土地の再配分はむずかしく、農村貧困は深刻である。

貧困削減・飢餓克服プログラム

そこでラオス政府は現物備蓄米を貧困削減に用いる貧困削減・飢餓克服の二つのプログラムを選択し実践した。ビエンチャン県バンキ村プログラムは、労働対価食料（Food For Work）の手法を用い、家族一人一日当たり二キロの米を現物支給して、山間部の水路・貯水池などの土砂除去のため村人を雇用した。米生産は安定した。さらにこのプロジェクトは村共同基金の構築、飲料水の浄化、教科書配布などの貧困削減に取り組む。

バンキ村プログラムは、二〇〇四年一二月から二〇〇五年四月にラオス政府農林省農業局と東アジア緊急米備蓄との両者の合意覚書により実施された。ビエンチャン県ヒンヘップ郡バンキ村は、首都ビエンチャン市から北北西一二〇キロメートルの山間部、中山間地域に位置し、二〇二世帯のうち貧困世帯（貧困ライン以下）が三〇世帯、食料自給率は七三%と低い。プログラムの目的は、国際協力機構（ＪＩＣＡ）専門家の協力を得て、第一に小規模灌漑施設と水田を造成し、貧困を削減することにある。加えて、貧困削減の概念は健康で文化的な生活の全般の維持に及ぶため、さらに安全な飲料水と子どものための教科書を配布し、貧困を削減に貢献する。

労働の対価食料供与による小規模灌漑施設の改良

プログラムは第一に労働対価食料供与の手法で、零細規模なマイクロダム（堰）と水路を建設、村内ホウヒンタインの未開発土地二〇ヘクタールのうち一五ヘクタールを基盤整備し、三〇世帯の貧困層へ配分した。現地調査によれば、コンクリート製水門（幅一メートル）、鉄製扉（地上高一メートル、幅〇・八メートル）、貯水池（長さ五メートル、幅四メートル）、水田までの長い水路（幅二―三メートル、深さ二メートル）が労働対価食料の事業で建設された。その結果、二一世帯貧困層の一〇ヘクタールの水田へ農業用水を供給し、一世帯平均三ライ（〇・四八ヘクタール）の水田を取得した。村内の米収穫量は一五トンから二八トンへ増収し、一ヘクタール当たり二・八トンの収量を達成した。

第二にすでにＪＩＣＡ「ビエンチャン県農業農村開発プロジェクト・フェーズ２」（一九九七年―二〇〇二年）により、ホイファイ小規模貯水池（長さ一二メートル、幅一〇メートル）、マイクロダム（高さ一・八メートル、幅一〇メートル）、および用水路（幅三メートル）が構築されていたが、これらに堆積した土砂の除去作業を労働対価食料の手法で実施した。ホイファイ小規模灌漑貯水池は、三七世帯の貧困層の二〇・五ヘクタールの水田を灌漑し、七四トンの米収量を得る山村の食料安全保障の砦である。また同時に技術普及員が招かれて、米やトウモロコシ・キャッサバなど乾季作技術を習得するための研修を実施する。

我々の現地調査によれば、事業後、再び土砂が堆積し、マイクロダム木製水門・木製扉が故障、漏水が発生している。村人は、貯水池鉄製扉の改修、堆積土砂除去などの切実なニーズを抱え、日本政府・ＪＩＣＡや国際機関へ援助を要請している。

ムラ融資基金の造成と相互扶助

貧困削減・飢餓克服プログラムは、所得増進と農業振興のため、貧困削減をめざす相互扶助基金、「回転循環（リボルビング）基金」を設立した。出資者は一株五〇〇〇キップ（約五七円）、二〇〇株一〇〇万キップ（一万一三六四円）程度を出資する。出資者は一株当たり毎月一・〇六％の利子を受け取る。基金からの借り入れ者は、農業投資は毎月二％、農外事業は毎月三％の利子を支払い、入院など医療費のかかる人・最貧困層は利子を免除される。二〇〇五年—〇九年に参加世帯数は六五から七八へ、出資数は一万九〇〇〇株から二万二〇〇〇株へ増加し、一世帯平均二七七—二九二株を保有する。村基金の原資は、世帯出資金（六三％—六五％）、飲料水売上、政府と東アジア緊急米備蓄機構からの出資金、金融機関からの借入金からなる。資金総額は九五一三万キップから一億八一四万キップへ増加した。村長が管理し記帳する。

飲料水浄化と教科書配布

さらに貧困削減のために、プログラムは村の学校を対象として、第一に衛生水準向上のため、地下水の浄水器を設置し、生徒の安全な飲料水を確保、余剰分は二〇リットル・ボトルを二〇〇〇キップ（二三円）で販売する。月販売総額は五五—五七万キップとなり、施設管理は校長などの小学校教員五人が担当、業務報酬は飲料水で受け取る。プログラムは第二に学校教育援助のために、児童によるキノコ栽培・販売（一五〇〇パック）に取り組み、販売収入は、食料購入費にあてた。さらに野菜生産と養殖漁業の実習も行う。プログラムは第三に人材育成のために、国語・算数・地理環境などの教

バンキ村の農業用貯水池

科書約五〇冊を無償で供給し、学習効果を高め、出席率を向上させた。教育と人材育成によって、貧困解決の自主的な能力を高める狙いがある。

貧困削減・飢餓克服プログラムは限界集落を蘇生する

バンキ村における貧困削減・飢餓克服プログラムは、東アジア緊急米備蓄、ラオス政府農業局、ビエンチャン県農林事務所、ヒンヘップ郡農林事務所、バンキ村役場の緊密な連携によって実現された。その結果、小規模灌漑施設の改修、水田基盤整備、安全な飲料水供給などの事業を通じ、食料安全保障を確保し貧困を削減した。またリボルビング基金を設立し、農業投資資金を獲得した。貧困削減・飢餓克服プログラムは限界集落を蘇生させる。以上がプロジェクトの積極的な評価である。

しかし反面、県と郡の予算が不足し、各事業の効率は近年低下した。また村役場は事業計画の経験が乏しく、リーダーの理念は強固でなかった。小規模水田の造成では一五ヘクタールのうち一〇ヘクタールにとどまった。村共同リボルビング（回転循環）基金も拡大のスピードが遅い。今後の食料安全保障と村民生活向上のためにこれらの諸点を改善することが課題である、と現地サイドは評価している。

三　アジア食料安全保障の共通制度へ

三つの論点

東アジア緊急米備蓄における三つの論点を提起しておきたい。

第一に緊急米備蓄は自然災害の犠牲者への緊急の食料支援を目的としている。したがって二〇〇八年食料危機のような、全般的な食料価格高騰を伴う世界同時危機に対しては限界があり、より総合的で抜本的な対応が求められる。国際機関や開発援助機関との協調と役割分担が不可欠である。

第二に緊急米備蓄による緊急支援のための二国間交渉・合意覚書締結などをはじめとする具体化をはかり、域内緊急食料支援に関する公共政策としての国際取引システムを開発した。しかし現実の対応として、在庫放出の第一階層も輸出国の国内事情もからみ、域内協力が齟齬を抱えて、いまだに発動していない。ようやく二〇一二年ASEAN＋3（東アジア）緊急米備蓄（APTERR）として公認されたのに伴い、アジア地域統合の大枠を国際条約に依拠するものへ制度化し、域内緊急食料支援の発動を担保し、さらに緊急米備蓄事務局機能を抜本的に強化する課題がある。

第三に、貧困削減・飢餓克服プログラムは、貯蔵期間を超えた米を貧困削減の対価供与として放出し、融資基金や教育支援などを含む。いわば緊急備蓄米の放出という目的から、より広域の貧困削減・飢餓克服をめざす制度として整備された。いうまでもなく飢餓は貧困の帰結である。とくに世帯レベルのフードアクセスは、インフラ整備・教育支援・零細融資などの貧困削減と一体化されて有効に確保される。人間の安全保障の観点からみて、貧困削減・飢餓克服の総合的ニーズへの対応が課題である。

国際条約組織体の誕生

東アジア緊急米備蓄パイロット事業（EAERR）は二〇一〇年二月に終了し、二〇〇九年一一月ブルネイでの東アジア一三ヵ国農林大臣会合と二〇一〇年二月事業運営委員会による国際法条約への格上げ合意にもとづき、二〇一二年「東アジア（ASEAN＋3）緊急米備蓄」（APTERR）がスタートした。それは一〇年近い試行錯誤によって、地域に受け入れられる緊急米備蓄制度の構築という、パイロット事業の使命がようやく終焉したことを意味する。これ以降は、国際法条約に準ずる国際組織として正式な法的組織体となった。それは加盟一三ヵ国の議会や政府の法令にもとづき執行される。その制度的・技術的・財政的な枠組みは二〇〇八年一〇月ハノイでの東アジア一三ヵ国農林大臣会合のガイドラインで示されたものを基礎とする。

これを踏まえ政策提言をしたい。

第一に制度的に東アジア緊急米備蓄は各国議会が承認した国際条約に法源をおく法的機構となった。そこで東アジア農林大臣会合の恒常的事務局を設置し食料安全保障の包括的課題を協議、その一環として東アジア緊急米備蓄を支援するメカニズムが必要である。

第二に技術的には、緊急米の備蓄と放出の機構は、その有効性と改善方向が確認された。特に在庫放出の出口枠組み、米放出政策指針における四種類階層の標準的な運営手続きを確立した。災害へ対応し、食料保管・前線補給・車両確保といったロジスティック管理、および貧困削減のスキームを樹立した。これらの成果はささやかではあるが、画期的な地域協力の達成である。さらに市場機構との適合性を確保する課題がある。

第三に財務確立である。東アジア緊急米備蓄に対するアジア開発銀行などの国際機関からの拠出、加盟各国の財政負担を明確にする。これまで運営資金・現物備蓄寄贈は日本政府が拠出した。緊急米備蓄は、財務自己負担の組織原則を適用し、加盟各国の自助・互助原則（セルフ・モチベーション・スキーム）、それを具体化した財務負担のルール（モダリティー）を明確化すべきである。特に寄付基金・各国貢献・自己運営資金（機構利用料・管理料）などの検討である。二〇〇九年一〇月のASEAN＋3首脳会議は、「東アジア緊急米備蓄パイロット事業の継続を支持し、関連する国際機関と緊密に調整し、また、各参加国の約束および国際規則との整合性を考慮し、この貴重な経験をもとに、ASEAN＋3緊急米備蓄を設立する可能性を探求する」とした。この観点を発展させることが重要である。

これからも東アジア緊急米備蓄は、ASEAN統合食料安全保障枠組み・戦略的行動計画における四本柱、つまり①東アジア緊急米備蓄、②ASEAN食料安全保障情報システム、③各国の食料増産支援プログラム、④域内の食料流通・食料貿易相互促進プログラム、の四本柱の第一の柱として、アジアの求心力を発揮する旋回軸の役割を果たしていくことが期待される。

四　東アジア緊急米備蓄の論点

1　公共政策としてのアジア緊急米備蓄

人間の安全保障のために

東アジア（ASEAN＋3）緊急米備蓄という国際備蓄構想は、途上国の食料不安、一時的な食料不足に対して国際的な備蓄を積み上げ、緊急に放出し、投機的な輸出入などの行動を相殺する備蓄機構として、ASEAN緊急米備蓄（AERR、一九七九年）、南アジア地域協力機構（SAARC、一九八八年）の経験を踏まえて構想された。その際、備蓄政策による市場安定化、価格安定化の経済効果は必ずしも明確ではない。日本政府の国際備蓄構想提案も、価格安定化が目的ではなく、緊急かつ大規模な不足の事態に迅速に対処することが目的である。一方、日本の食糧庁が設置した「国際備蓄構想研究会」は、寡占化する国際米市場では不足時の輸出国の売り惜しみに対して、備蓄放出は価格安定化に効果が大きいことを指摘している。

しかし東アジア緊急米備蓄は、市場原理にもとづく国際米市場の「価格安定化」を必ずしも目的としたものではなく、公共政策として「人間の安全保障」を確保するための災害などへの緊急の人道的な食料放出・貧困削減の目的をもつものである。

財政負担の基準

東アジア緊急米備蓄の米申告備蓄構築における各国負担原則はいかなるものなのか。各国の国民総生産を基準とするのか、各国の米貿易能力、純輸出量を基準とするのか。また各国の現実の国家備蓄を考慮する自己申告とするのか。

前田幸嗣・狩野秀之による国際米備蓄構想（「国際コメ備蓄による食料安全保障と市場安定化」二〇〇八年）では、途上国の食料供給を一定水準（一人一日あたり二三〇〇キロカロリー）に確保し、食料安全保障を維持するために、一時的な不足に対して各国の通常保有する国家在庫の一定部分を申告備蓄（イヤーマーク）として申請する。その量は各国が自国市場で調達し、財政負担については、公平性の観点から各国の国民総生産に応じて按分する。各国間米貿易への影響を考察すると、東アジア一三ヵ国の範囲での国際米備蓄は、有効であり実現性もあるが、備蓄規模は小さい。放出量はフィリピンへ五〇〇〇トン前後、日本の財政負担は一〇五万ドル程度である。しかし地域範囲を世界規模へ拡大し、その財政を各国のＧＤＰに応じて負担すると、総額一七億ドルと莫大なものになる。したがって、世界規模へ拡大した場合には、米純輸出国が純輸出量に応じて申告備蓄（イヤーマーク）を積み増すことで備蓄コストを削減し、財政負担は各国の国民総生産に応じて按分する方式を選択すると、財政負担は三億ドルと小さくなる、と指摘している。「米貿易における純輸出量（輸出量マイナス輸入量）を基準」とする備蓄提案である。

しかし現実の米備蓄構築における負担原則は、各国の経済負担力を示す国民総生産、および各国の米純輸出量をも考慮し、さらに日本の国家備蓄などの現実の米備蓄能力を組み込む自己申告の方式としている。国際貿易能力を示す純輸出量をもっぱら基準とする提案は、果たしていかがであろうか。「市場原理による国際備蓄システム」と接近する可能性はないだろうか。

緊急米備蓄の協力範囲

ASEAN＋3（東アジア）緊急米備蓄の食料安全保障の地域協力の範囲はいかなる構想が妥当するのか。さしあたり東アジアの範囲であるASEAN＋3（日中韓）をベースにするのか、それともアジア太平洋地域や南アジア地域へも直ちに拡大するのか。

前田幸嗣・狩野秀之「国際コメ備蓄による食料安全保障と市場安定化」は、世界全体で国際米備蓄制度を構築し、アジア太平洋地域（米国・ブラジルなど）や南アジア地域（インド、バングラデシュ、パキスタンなど）にも拡大するとする。この場合には食料安全保障の利益は、放出対象国のバングラデシュへ集中する。また放出貢献国である輸出国を基準として、国民総生産に応じて各国が調達すると、アメリカの積み上げ量が最大（一一〇万トン）となる。第二の選択として、各国が純輸出量に応じて積み増し、国民総生産に応じて財政負担すると、タイ、インド、米国、ベトナム、中国などが米備蓄を構築し、米国、日本などが財政負担することになる。その結果、純輸出国は輸出を拡大できる、と提案する。

以上のようにASEAN＋3（日中韓）の範囲を超えて、国際備蓄を世界規模へいきなり拡大する提案は、食料援助を特定国へ集中させ、財政負担を拡大し、さらに日本の国家備蓄米の活用という現実的な意味をも見失いかねない。結果として市場原理にもとづく米純輸出国の輸出拡大を促進する効果となる危険性をはらんではいないか。したがって、東アジアの範囲であるASEAN+3（日中韓）をベースとした緊急米備蓄をまず充実していくことが問われている。

2　アジア緊急米備蓄充実のために

東アジア（ASEAN+3）緊急米備蓄は災害に備えた自助努力を尊重した互助制度である。各国間の利害を調整し、人道的公共的な備蓄への政策協調を行い、いかにフルスケールへ拡充するのか。問題を解決する地域協力の制度設計が不可欠である。以下四点を政策提案したい。

①人間の安全保障めざす人道的・公共的備蓄の道

市場原理による投機的備蓄に対して、「人間の安全保障」の観点から人道的公共的な食料援助と備蓄の合意を促進していく。東アジア緊急米備蓄は、自然大災害や、緊急かつ大規模な食料不足の事態に迅速に対処するための地域協力組織として出発した。その背景には、寡占化する国際米市場では不足時の輸出国の売り惜しみに対して、備蓄放出は効果が大きい、という判断がある。二〇〇八年食料危機における米輸出国が採用した食料輸出規制は、国内貧困層への米供給を優先するという口実による「売り惜しみ」であった。倉庫には大量の米在庫があったといわれる。市場原理による投機的備蓄は、価格を一層引き上げ、短期的な利潤を目的とする。市場の投機的備蓄・売り惜しみ・食料輸出規制に対して、地域協力による適切な監視とガイドラインの導入が求められる。

東アジア緊急米備蓄は、「人間の安全保障」の観点にたつ飢餓削減・貧困削減の人道的公共的な備蓄である。平時から公共的な備蓄を構築し、人道的な食料援助を行うことは、災害・飢餓時に備蓄を放出させ、援助・貧困削減・インフラ復旧として機能する。食料安全保障は、難民や内乱を回避する社会的効果が大きい。各国の政策協調をはかり、一方では市場の投機的備蓄を規制しながら、他方では加盟国が選択しうる「人間の安全保障」の観点からの公共政策としての米備蓄モデルの発展が不可欠である。

②多様で柔軟な米備蓄システム

第二に、ＡＳＥＡＮ内部の多様性を尊重した柔軟な米備蓄の構築システムをはからなければならない。東アジア緊急米備蓄は、ＡＳＥＡＮ＋３（日中韓）内部における経済格差・財政負担力と米需給の多様性を抱える。米輸出国のタイ、ベトナム、カンボジア、米輸入国のフィリピン、インドネシア、マレーシア、シンガポール、米自給国の日本、中国、韓国などと多様性があり、微妙な対応差がある。

東アジア緊急米備蓄をさらに拡充させると主張する食料不足国のフィリピン・インドネシアなどの積極派がある。これに対して、食料自給率は低いが経済力のあるシンガポール・ブルネイ・マレーシアは、国民総生産に応じた財政負担を懸念する慎重派である。米純輸出国のタイも東アジア緊急米備蓄が米輸出戦略を阻害する可能性があり、純輸出量に応じた財政負担を懸念し慎重であった。しかしタイは、米価下落時には、食料援助などをふくむあらゆる輸出用途を検討する立場から積極派に転じてきた。

このように輸出国・輸入国、食料自給率、各国財政力のレベルなどの複合的な要素を考慮した多様性を尊重する合意形成が課題である。各国の経済負担力を示す国民総生産に応じて財政を負担し、あるいは各国の米純輸出量を基準として米備蓄量を決定すべきという論点に対して、柔軟な米備蓄の構築システムが求められる。

③日中韓が連携してASEANと協調する道

ASEANイニシアティブを活かしつつ、日本と韓国が連携し、さらに中国との首脳レベルの三ヵ国の連携を強化する。二〇〇九年三月時点で中国と韓国は、東アジア緊急米備蓄に対し総論賛成、申告備蓄在庫ゼロであった。一方の韓国は、当時、米の関税化の特例措置の延長に関する交渉に忙殺されていた。また歴史的な経緯から、北朝鮮への食料援助を最優先し、他国援助の経験がない。しかし日本と韓国は、東アジアの中で経済格差が比較的小さく、また米国から食料を大量に輸入し、食料自給率を急落させてきた「食料純輸入国」としての共通性をもつ。国民意識としても食品安全性への関心が高く、食料安全保障を重視するスタンスも共通している。日韓が連携し、食品安全性のルール化や、両国の農業団体による需給調整、農産物貸し借り、輸出入調整をすすめ、アジア米備蓄安定供給システムを構築することが注目される。

他方の中国は、穀物の国内調達を優先する。食料自給国であり、大豆輸入の拡大はあるが、アメリカからの穀物輸入も限定されていて、食料自給率も九〇%を維持している。同時に、国内南部とASEANとの経済関係は緊密で、広州からベトナム・ハノイへかけて高速道路が結ばれ、経済統合が進展しており、ASEAN+3の連携に積極的である。しかし東アジア一三ヵ国農林大臣会合に出席する中国農業省は農業生産を所管する部局である。農産物貿易は中国商務省、食糧援助や緊急米備蓄は国家主席の所管であり、東アジア農林大臣会合の中国代表にはその権限がない。したがって中告備蓄在庫の拠出にも踏み切れないでいた。ASEANのイニシアティブを活かす方向で、行政組織の壁を越え、日本と韓国、中国の三ヵ国の連携をさらに強化することが不可欠である。

④米備蓄財政を共同化して未来を拓く

ASEAN+3(東アジア)緊急米備蓄の財政支援では、「日本任せ」から脱し、東アジア諸国の自助・互助制度の財政原則を内実化していく方向を強化する。

日本政府の財政支援は、すでにみたように、ASEAN事務局との間で公文書を交換し、東アジア緊急米備蓄機構へ二〇〇八年度で五五万ドルを拠出した。プロジェクト運営委員会は、年二回程度開催され、各国間合意のもとに運営される。会計年度は日本の会計年度に準拠し四月—三月だが、実態上は、毎年二月末を年度末としている。

問題点は、資金拠出と各国の国内調整にある。備蓄に必要な資金をいかに調達するか。世界穀物価格の上昇に伴い、現物備蓄コストは増大する。東アジア諸国の自助・互助努力の現実化の道筋をつけねばならない。ここでは、EU(欧州連合)から始まった環境問題の解決手法を参考に、市場の公的管理によるより柔軟な方式を考察してみたい。

仮にタイ国内での籾貯蔵であれば、備蓄費用として、一トン一年当たり二二ドル（一ドル一〇〇円換算で二二〇〇円）となる。つまり、米純輸出国のタイ、ベトナムにおいて、割り当て水準以上に現地籾貯蔵方式の申告備蓄在庫を確保した場合には、その備蓄在庫量を「米備蓄権」として認定する。そして国民総生産に応じて財政負担をする国へ譲渡し、当該国において申告備蓄を構築したものとみなす。いわば二酸化炭素排出権取引と同様な「米備蓄権の取引機構」を創出することが、コストのかかる現物米の大量備蓄よりは、むしろ現実的ではないか。たとえばタイと韓国、ベトナムと中国、カンボジアとシンガポールなどといった一対の組（カップリング）を地域協力の枠組みのなかで仲介していくのである。こうした財政の自助・互助原則のシステム化は、同質国間の連携よりも、はるかにフレキシブルな異質国間の連携強化を生み出すことができる。さらに検討が望まれる。

G8洞爺湖サミットは、人道目的の国際的な「仮想的」食料備蓄制度を創設し、国別穀物の備蓄量の設定、在庫管理システム、非常時の市場放出・価格安定システムの構築を提起した。また公共財としての国際食料備蓄の観点から、「世界食料銀行」創設の提案がある。東アジア米備蓄機構はその先駆的なパイロットとなりうるのか。地球温暖化と異常気象のもとにおいて、緊急事態に備える地域協力組織としての米備蓄機構は、ささやかな地域協力の努力ではあるが、その取り組みは重要であり、今後の発展は大きな意義を持っている。

五　世界史段階からみた食料安全保障
――柄谷行人の交換様式仮説から考える――

1　互酬性社会の知恵

現代社会において、食料をめぐる国際秩序は、市場経済における商品交換によってすでに形成されている、と一般には理解されている。今日のように商品交換が行き渡っている中で、市場経済とは異なる食料安全保障の協力・協同の仕組みを創ることは何を意味するのか。

もちろん市場経済をただちに廃棄することは不可能である。問題は、いかにして食料高騰などの「市場の失敗」によるネガティブな影響が及ぶ範囲を縮小するのかにある。後発途上国や貧困地域・世帯における、危機的な鋭い飢餓に対して救済・救援の道は限られている。とすれば、国際レベルで、食料安全保障の国際秩序がいかに立ち現れてくるのか、に注目すべきではないか。カジノ金融資本主義による「貨幣の力」の行き過ぎた暴走、市場の失敗にブレーキをかけて、間国家の公共政策による「国家の力」や、物質生産から流通へ伸びてくる協同・協働や国際共同体による「贈与の力」によって、最貧国の飢餓層や、世界の貧困層の食料不安を解消し、草の根の食料安全保障の国際秩序を打ち立てる展望を描くことはできないのか。それが今、問われている。

ＡＳＥＡＮ諸国の共同努力として出発し長い歴史を刻む、東アジアにおける食料安全保障の地域協力、特に緊急米備蓄事業は、いかなる発想と思想を基礎としたのか。ASEAN緊急米備蓄などのアジアの食料安全保障システムには、共同体における相互扶助の思想、「贈与と返礼」の互酬の原理がみられる。インドネシア出身の東アジア緊急米備蓄機構ムイロ・シディック前事務局長は、南太平洋の島嶼部の社会にみられる共同体的な「共生と相互扶助」、「贈与と返礼」の互酬性の社会的文化的伝統にヒントを得た試みと、我々に語っている。多くの島嶼部を抱えるインドネシア人としての発想と言える。つまり「南の島」の長い歴史をもつ人々の生存のための智慧を活かした社会思想である。

2　交換様式からみた社会発展の四段階

ここで交換様式からみた飢餓克服・食料安全保障の構図を示したい（図表2）。哲学・思想論の柄谷行人『世界史の構造』（二〇一五年）は、「交換様式から社会構成体の歴史を見直すことによって、現在の資本＝ネーション＝国家を超える展望を開こうとする」。歴史家、ウォラーステインの「近代世界システム」を参照しながら、資本（資本制経済）、ネーション（国民・共同体）、国家の三者は、相互に補完的な装置として結合された三位一体のものとして、現代にいたっているとする。

図表2の横軸は、右側が平等、左側が不平等を、縦軸は上側が拘束、下側が自由を示す。まず右上の交換様式Aは、歴史の中での氏族社会やネーション（共同体）、相互扶助的な原始的共同体に支配的な交換様式であり、それは贈与と返礼という互酬システムを原理とする。ミニ世界システムであり、共同性と平等性を志向するが、人々は「贈与の力」という強制力に拘束される。交換様式Aを継承す

図表2　市場から共生へ
——交換様式からみた食料安全保障の世界史的構図——

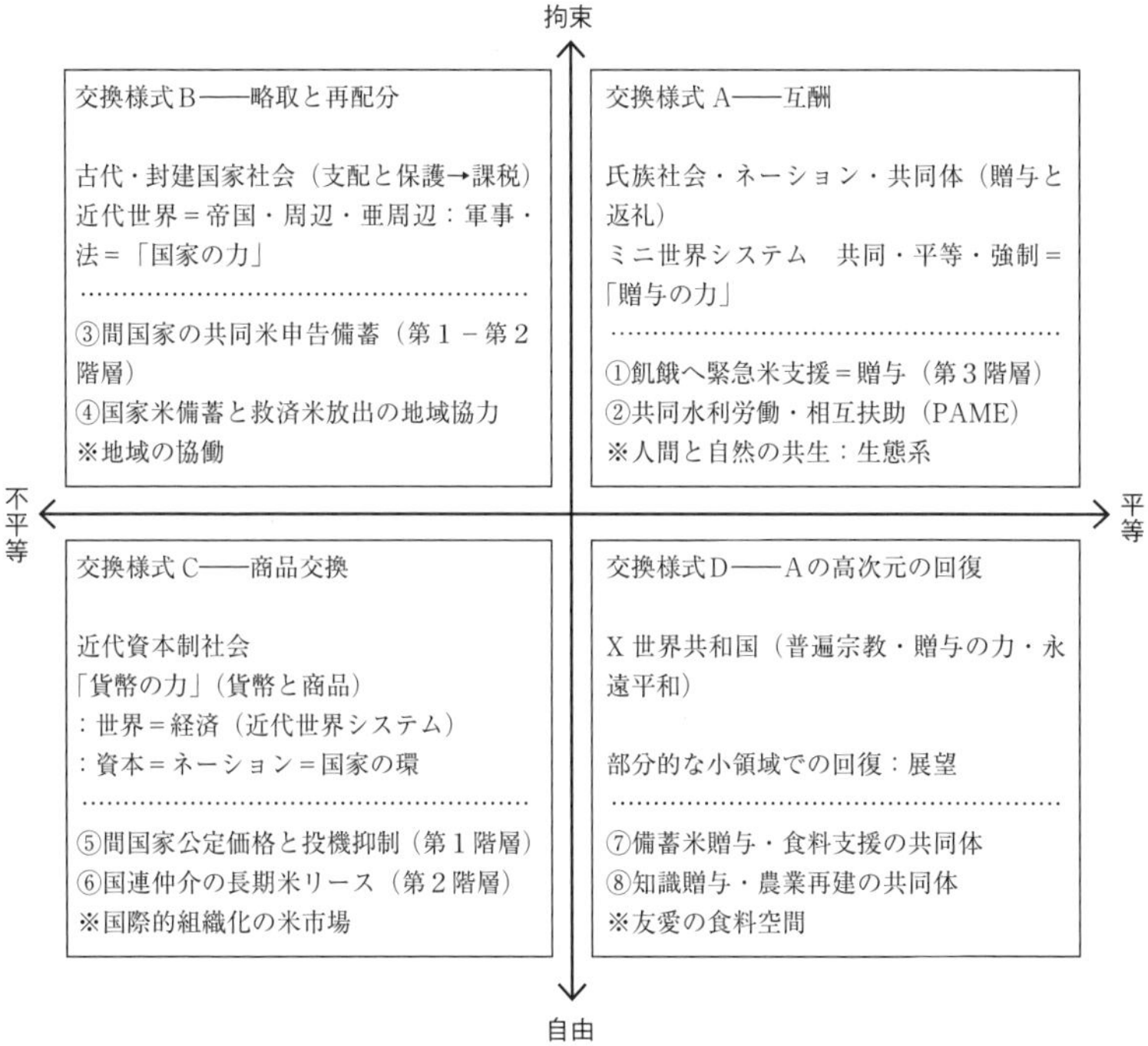

注）柄谷行人『世界史の構造』（2015年）、15ページの図をもとに作成。

る現代のネーションは、いわば「想像の共同体」として、グローバル化と新自由主義のもとで、政治経済格差と不平等・社会矛盾の解決を求め、文化的同一性や地域経済の保護を志向する。

つぎに左上の交換様式B。国家は、暴力を基盤として略取と再配分を行う。古代や封建的な専制国家に支配的な交換様式である。世界＝帝国は、専制帝国と周辺・亜周辺の諸国によって構成されるシステムをとる。国家は、課税などの略取で支配しつつ、継続的な略取のために、灌漑・社会福祉・治安の公共政策で再配分し、民衆の保護と育成を行う、という交換原理をもつ。軍事と法を介する「国家の力（暴力）」に依拠し、グローバル化のもとで、各国経済を支配・保護し、利益を再配分する。

さらに左下の交換様式C。資本（資本制経済）は、個々人の自由な合意にもとづく貨幣と商品との商品交換を基礎とする、近代資本制社会に支配的となる。しかし「貨幣の力」に依拠して、相互の平等を志向せずに、世界＝経済の「近代世界システム」、つまり中心・半周辺・周辺を生み、世界に経済格差と対立をもたらす。世界の社会構成体の歴史は、こうした交換様式の歴史である、とする。

最後に右下、交換様式Aの互酬性を高次元で回復する交換様式DのXシステムは、互酬性と普遍宗教や贈与の力で永遠平和を生む世界共和国（カント）として展望できる。またそれぞれの社会構成体は、これらAからDの複数の交換様式のなんらかの複合体として存在し、そのいずれかの交換様式が支配的となっている。そして国家やネーションは、資本主義の生産様式とは異質の原理にもとづき独立した主体として活動する独自性をもつ。

複合的な諸主体の相克としての社会発展

こうした社会発展の歴史を、「複合的な諸主体の相克・補完」として捉える認識は、途上国における政治経済・社会の発展を、開発過程としてみる開発経済学の手法とも共通する。たとえば速水佑次郎『開発経済学』は、途上国の開発を進める主体は、①市場、②国家、③共同体であり、その三位一体の有機的な統合が不可欠とする。あるいは原洋之介『アジアの「農」・日本の「農」』は、ブローデルをひいて、歴史を通じて、資本主義、市場経済、物質生活という経済の階層が存在し、資本主義はその部分社会集合として存在したとする。さらに、こうした経済の三層構造の共時性に注目し、資本主義と市場経済は短期的時間か中期的時間という時間軸に対応し、「農」の世界を含む非市場領域の基層の物質生活は長期的な時間軸に対応する、とした。開発における共同体の役割を重視し、あるいは物質生活という経済の基層階層のもつ独自の主体性を認める歴史認識である。

あるいは原洋之介『開発経済論』は、「市場の失敗」の反省を踏まえて、市場万能主義ではない、途上国それぞれがもつ歴史的プロセス、歴史経路依存性を視野にいれる。市場経済の発達にとって、経済主体間の社会的交換に埋め込まれ、モザイク状に折り重なっている政治・社会構造や文化信念が強い補完性をもつ、として比較制度分析を基本視座とする。これらの諸見解は、すでにみた柄谷行人の歴史発展における交換様式ＡＢＣＤの資本・ネーション・国家の諸主体に注目した認識と重なっている。

3　食料安全保障を交換様式から論理を解明する

以上の歴史発展に関する「柄谷交換様式仮説」に依拠しながら、本書のテーマである食料安全保障の地域協力、特に「東アジア（ASEAN＋3）緊急米備蓄機構」の四つの柱の内容とその展望が、いずれの交換様式にしたがった事業構成体とその部分・パーツとなっているのかを検証したい。図表2の①から⑧はその要点を記した。

まず交換様式Aは、ネーション・共同体における互酬性の原理、つまり贈与と返礼を示す。域内各国・各地域の食料危機の発生に対して、ファーストエイドの緊急食糧支援として現物備蓄米を放出する第三階層は、当該の国・地域・住民への互酬性の原理にもとづく「贈与」、無償給付の性格をもつ。これに対して対象地域の住民の「感謝の感情」は、共同体への絆を強め、友好関係を強化することで事業体への「返礼」となる。交換様式Aの①飢餓へ緊急米支援＝贈与（第三階層）である。

つぎに貧困削減・飢餓克服事業は、一定期間が経過した現物備蓄米を有効活用するため、援助へ振り向け、贈与によって共同体の協働労働、「むらの出役」を組織し、対象地域の溜池・堰・用水路の新築や改良などの農業インフラを改善し、米の収穫を安定・向上させる。現物支給米は半ば給与（労賃）であり、半ば共同贈与であり、共同出役はそれへの返礼の意味をもつ。交換様式Aの②共同水利労働・相互扶助である。以上の①②は、交換様式、共同体における互酬性の原理、贈与と返礼のメカニズムの発露と理解される。ここでは、人と人との共生、人間と自然との共生が基調となる。その基盤には生態系 Ecology の原理が尊重される（柄谷行人『「世界史の構造」を読む』）。

つぎに交換様式Bは、国家の権力を基盤として略取と再配分を行い、課税や課徴金・拠出・負担などで支配しつつ、継続的な略取のために保護や補助・助成をあたえる。「東アジア（ASEAN＋3）緊急米備蓄」は、条約などの国際法・地域規範に依拠し、グローバル化のもとで、東アジア地域の共同リスクに対処するため、加盟各国が緊急時の食料を共同備蓄し、被災各国を保護し援助し、社会生活安定の利益を再配分する。「国家と国家との関係」つまり「間国家の関係」としての国際関係の緊密化を基礎に、それぞれの国家が国内に備蓄する米の一定割合を救済のために優先拠出する米として、自主的に申告し共同備蓄システムを創り上げている。申告備蓄米である。交換様式Bの③間国家の共同米申告備蓄（第一階層―第二階層）である。

この共同申告備蓄米の放出メカニズムは、交換様式Cの領域へと接続する。また、これとは別に交換様式Aの領域である「現物備蓄米」、つまり①飢餓へ緊急米支援＝贈与の第三階層や、②共同水利労働・相互扶助などの貧困削減・飢餓克服事業の原資となる備蓄米は、各国が独自に備蓄する米である。この現物備蓄米は、「東アジア緊急米備蓄機構」事務局の要請を受けて、直接的に被災国へ緊急援助米として放出される。これが交換様式Bの④国家米備蓄と救済米放出の地域協力の備蓄メカニズムである。交換様式Bによる「国家の米備蓄メカニズム」には、間国家の共同申告備蓄、および単一国家の独自備蓄との二種類の米備蓄タイプがあり、それぞれが異なる交換様式A互酬性および交換様式B国家権力の領域の米放出メカニズムと接続している。ここでは、間国家における地域内の協働の原理、市場メカニズムの暴走を抑制する共生倫理規範の原理がはたらく。

4　交換様式のトライアングル

三番目の交換様式Cは、個々人の自由な合意にもとづく貨幣と商品との商品交換を基礎とし、近代資本制社会に支配的である。「貨幣の力」に依拠し、世界＝経済の近代世界システムをもたらす。しかし共同体間の交換様式Cは、契約不履行や略奪を罰する国家の力、交換様式Bにねざしており、また同時に共同体間の「信用」、互酬的な交換様式Aを前提とする。つまり交換様式Cの商品交換は、「国家の権力」の交換様式B、「贈与の権力」の交換様式Aと相互に対立し、依存しあっている。

では世界市場において、交換様式ＡＢＣのトライアングルの関係はどう働くのか。「東アジア緊急米備蓄機構」の間国家の共同申告備蓄米の放出メカニズムは、国家間の政府交渉によって、両国間の短期的な売買契約関係を締結する。売買契約には取引量・品質・価格・時期・港湾場所などが明記され、詳細な事業実施マニュアルを取り結び、施行される。人々の糧である食料が、世界市場における「カジノ的金融資本」流のマネーゲームやヘッジファンドの介入による投機、つまり帝国・中心の「貨幣の力」に攪乱されないように、「周辺・半周辺」の域内相互関係として、ＡＳＥＡＮ内部の人道的な食料危機支援の公共性を維持するため、間国家の公定価格が設定される。たとえば米不足国のフィリピンと米輸出国のベトナムとの二国間の政府取引である。

交換様式Cの商品交換は、「間国家の権力」の交換様式B、域内共同体間の共生と信用という、「贈与の権力」の交換様式Aを前提とする。これが、交換様式Cの⑤間国家公定価格と投機抑制（第一階層）である。さらに何らかの事情によって食料危機が長期的な性格を帯びる場合には、国連機関が介在して、域内二国間の大量の長期的食料支援の取引関係が結ばれる。国連機関には、内戦や治安悪化のもとでも活動する国連の世界食糧計画、および治安回復後の食料安全保障と農業再建を目的として活動する国連ＦＡＯ（食糧農業機関）との連携が想定される。国連機関の事態の認定、支援の決定、ＡＳＥＡＮ地域組織への発議にもとづいて、間国家の共同申告備蓄米を、大量かつ長期間の賃貸借として供与する契約を締結する。これが交換様式Ｃの⑥国連仲介の長期米リース（第二階層）である。

5　互酬性を高次元で回復する新たな社会の展望

最後の交換様式Ｄは、交換様式Ａの互酬性を高次元で回復するものである。これは共同体の互酬性の再生をめざした、普遍宗教の創始期に登場した集団など、「抑圧されたものの回帰」であり、さらに贈与の力で永遠平和を生む世界共和国（カント）への理念と展望として示される。イマニュエル・カント『永遠平和のために』は、単一主権で統合される諸民族の合一国家へむかう前に、商業・通商関係の発展を条件に、国際法に従う「諸国家連邦」を提唱し、人間の反社会的な社会性、つまり攻撃性（フロイト）の発露である、戦争の悲惨な経験を通して、不戦と平和をめざして可能な範囲から徐々に実現される。

実際に、戦火で苦しんだヨーロッパのＥＵ（欧州連合）は、このカントに依拠して経済力や非軍事的手段（ソフト・パワー）で多国間協調主義の「永遠平和」・共同体を展望している。それは南北間の格差を、単に開発援助などの「分配的正義」のみで対処するのではなく、国家間の格差を生む交換システムを変更する「交換的正義」によって解決する根本的な道筋である。

したがって交換様式Aの互酬性を高次元で回復し、「贈与の力」によって、貧困・飢餓克服のアジア食料共同体（諸国家連邦）、新たなアジア地域システムを創設するものである。

「人間の安全保障」としての食料安全保障による共同体へ

食料安全保障は、「人間の安全保障」の重要な柱の一つである。貧困者の生活と地位の向上、「小さき者」の食料確保である。日本の呼びかけで二〇〇一年国連に「人間の安全保障委員会」が設立され、緒方貞子（元国連難民高等弁務官）とアマルティア・センが共同議長として就任した。すなわち緊急人道支援と経済人間開発という二つの観点から、一方で、多様な恐怖からの保護、「恐怖からの自由」をもとめる人権・保護の法的・政治的アプローチを行う。他方で、「欠乏からの自由」をもとめる開発と人間の潜在能力の強化、住民自治と住民参加をすすめる経済的・社会的アプローチである。この二つのアプローチを統合して、人間生存と生活の尊厳を守る人間中心の「人間安全保障」の包括的な事業を開始した。その主体は、国連や国際機関、地域機関や、非政府組織と市民社会が連携する事業として展開された。人権・人道の政治統治と住民・開発の経済自治とが出会うことになる。国連開発計画一九九四年報告は、その柱の一つが食料の安全保障である、とする。

そこで食料安全保障をこの二つのアプローチからみると、第一に緊急人道支援の人権・保護の「法的・政治的アプローチ」では、互酬原理の観点から、短期的な緊急食糧支援として現物備蓄米を放出し、贈与＝無償給付する地域を拡大することを提起したい。特に食糧農業機関と「ASEAN食料商品需給推計プロジェクト」「アジアの統合食料安全保障の段階区分」とが連携して、ASEAN食料安全保障情報システムの分析指標（自給率・食料安保率）を細かく県別市町村別に具体化し、食糧不安の脆弱地域における救援優先順位（トリアージ）を特定する。そこへ国際法・域内の地域規範に依拠し、共同食料リスクへ対処する国家共同備蓄米を集中し、社会生活安定の利益を贈与する。

さらに地域固有の住民みずからの自律的な食料自給能力を形成するため、溜池・用水路など農業インフラを改善する共同体の共同出役へ現物備蓄米を給付し、互酬性の原理、贈与と返礼のメカニズムを強化する。貧困・飢餓克服をめざす食料自給（アウタルキー）の統治力を高め、生存・サブシステンスの豊かさを発展させる。交換様式Dの⑦備蓄米贈与・食料支援の共同体の展望である。

第二に経済社会・人間開発の「潜在能力」を強化するエンパワーメントという、住民自治・参加の促進の「経済的・社会的アプローチ」からみると、「貧困削減・飢餓克服事業」を中期的長期的に発展させて、経済社会と農業再建のために、農村の基礎教育・文化、医療・保健・衛生へ「贈与の力」を集中し、人間の「潜在能力」、つまり人間の生きる選択の幅を拡大し、社会参加や能力発展の機会を増やし、地域の自治を高める。小学校を整備し、教科書や教員を充実する。安全な飲料水の獲得能力を強化し、無医村に保健所を建設、助産婦を養成する。平飼い玉子、有機飼料育成家畜、発酵食品などの農産物加工による村の特産物を生みだし、都市市民へ直売する。地域の資源を活かして竹細工・わら細工・刺繍加工・手芸品・陶芸品などのユニークな産物を開発し朝市・夕市へ出荷する。木材を薪炭にし、家畜糞尿を肥料や燃料にする。太陽光発電や小規模水力発電、バイオマス発電で灌漑ポンプを稼働する。木材を薪炭に加工し、農家民泊・農家レストラン・農家カフェなどの六次産業と雇用機会を拡大する。そのことで人々の地域の生活と生産、生存の論理を強め、食料統治権の領域を拡大する。

そのために先進国・新興国・先発途上国は、もてる技術知識と技能経験、匠の技（知的所有）を「贈与の力」で後発国・後発地域・食料脆弱地域へ提供する。さらに国際産直・一村一品開発のため間国家の生産者と消費者との関係性、協同組合間の国際連携・国際産直を強化する。こうした人間の「潜在能力」を高め、農業再建を基礎にした経済社会の多様な発展によって、地域の貧困を削減し飢餓と低栄養とを克服する道が拓かれる。交換様式Dの⑧知識贈与・農業再建の共同体の展望である。

以上がＡＳＥＡＮ共同体の到達点を踏まえて、ＥＵと連携する「諸国家連邦」（カント）の地域化、つまり「贈与の力」によって「人と自然、人と人とが共生」する平和なアジアの食料農業共同体を構築するという展望である。格差・不平等や争い、強制・拘束のない、自由で友愛の豊かな食料空間である。

互酬性を原理とする太平洋島嶼地域の生存社会

ちなみに「贈与と返礼」の互酬性を原理とする交換様式Ａが、その社会の支配的で基層的な経済制度・交換システムとなっているケースは、現代のアジア太平洋地域にも存在する。その典型は太平洋島嶼地域、ミクロネシア（マーシャル諸島など）・メラネシア（ソロモン諸島など）・ポリネシア（サモア独立国など）の大半の地域である。「ＡＳＥＡＮ＋３（東アジア）緊急米備蓄機構」などのアジアの食料安全保障システムにみられる互酬の原理は、この地域の共同体的な共同・共生・相互扶助・贈与の社会・文化伝統にヒントを得た試みとみなすことも許されよう。島の経済社会は、自然と共生しつつ、他者とも共生する、焼き畑農業・沿岸漁業など地縁・血縁による相互扶助を基盤とする。つまり生命維持のための人間生存の論理、いわゆる「サブシステンス生存社会」を基層とする。それを外国からの仕送り収入や観光・鉱山セクターが相互に補完する。

サモアの伝統的な村落社会の基本単位は、拡大家族（アインガ）、村落（ヌウ）、儀礼（ファアラベラベ）、教会から構成される。リニージ（血縁集団）圏域の拡大家族（アインガ）は、代々継承されるカスタマリーランド（慣習地）の土地を基盤に生存社会を持続する。拡大家族（アインガ）は、中核と周辺からなる。家長世帯と構成世帯との相互関係を貢献・食料供給と責任・保護の互酬関係のセーフティーネットで結ぶ。上位共同体の村落圏域である村落（ヌウ）は、村会議（フォノ）のもとに規範の維持、裁判、罰金の分配、農地調査・食料保障を担い、男性・女性グループを統括する。拡大家族（アインガ）とは、義務と生活維持の互酬関係にある。教会はアインガと信仰と精神を互酬する。

サモアは、オーストラリア、ニュージーランド、アメリカへ移民を送りだし、かれらからの送金は国民総生産の二〇％近くに達する。これらの現金は、結婚式・葬式・首長就任の儀礼（ファアラベラベ）と、教会への寄付金へ支出される。生存社会のネットワークは、シェアリングの延長上に、拡大家族・村落・儀礼・送金の内外を結ぶ、贈与と返礼の互酬関係によって形成される。部族間圏域における連合体が地域を構成する。拡大家族・村落・上位共同体の成層化である。こうして生活基盤を維持するために、互酬の原理と「贈与の力」にもとづく社会が存立している。

太平洋島嶼地域は「生きているコミュニズム」（モーガン）に限りなく近い。グローバル社会における交換様式Aが支配する部分社会領域である。ここでは明らかに食料安全保障は互酬の原理によって確保されているのである。ひるがえって、東アジアにおける食料安全保障の地域協力、ASEAN諸国が「アセアン流」にデザインしてきた「東アジア（ASEAN+3）緊急米備蓄機構」などは、こうした互酬の原理にもとづく島嶼部の「サブシステンス生存社会」の優れた知恵を、より上位のアジア地域共同体へまで拡張しようとした東南アジア固有の試みであった、という評価も許されよう。

第3章　食料安全保障情報システム

本章は、ASEAN域内の主要作物の生産・輸出入・備蓄などの基礎情報を収集し公開する食料安全保障情報システムを解明する。同システムは、生産予測・警報発令の「早期警戒情報」、自給率・安保率の分析指標を提供する「農産物需給見通し」を公表し、グローバル化と情報革命へ対応する東アジア共通食料安全保障の政策ツールを提供した。

一　食料情報の一元的把握のために

ASEAN食料安全保障情報システム

ASEAN食料安全保障情報システムは、食料安全保障の情報を把握して評価・予測し、さらに監視するネットワークである。第一段階（二〇〇三―〇七年）を終了、第二段階（二〇〇八―一二年）を経て、ポストASEAN食料安全保障情報システム構想が検討される段階である。ASEAN食料安全保障情報システム成立の背景は、二〇〇〇年の「世界貿易機関の農業交渉日本提案」において、食料安全保障の国際協力として、貧困・飢餓へ対処する国際備蓄、および統計情報整備を、日本が提案したことによる。同システムは東アジア緊急米備蓄とともには成立した。日本政府は、移転資金（トラストファンド）で財政支援し、創立以来の通算九年間で合計三〇九万ドル（年二四・六―六八・二万ドル）をＡＳＥＡＮ事務局・経済機能協力局・食料農業森林課へ送金し、そこからＡＳＥＡＮ食料安全保障情報システム事務局へ移された。あわせて専門家を派遣し、統計手法・ノウハウを指導した。タイ政府は、同事務局を農業協同組合省・農業経済局に設置し、施設と人材を支援した。

システムの管理運営

ＡＳＥＡＮ食料安全保障情報システムの主要目的は、統計情報を担う人的資源開発と統計情報ネットワーク開発の二つである。第一段階の総括報告書は主要活動三領域を、①最高意思決定を行う中心点会議と政策指針を設定する農業統計情報局長会合、②情報獲得能力の形成のためにトレーニング・ワークショップ・国家レベルセミナーを実施する「人的資源開発」事業、③統計調査法やデータの分析と予測を改善し、システム・ネットワークを形成し、早期警戒情報・農産物需給見通しなどを構築する「農業情報ネットワークの開発」としている。つまり、ＡＳＥＡＮ＋３（日中韓）の範囲における、食料・農業政策を検証し、地域の共通政策を構想するためのシンクタンク機能に直結している。管理運営の担当官会合は各国代表者からなり、全体計画・年次計画を決定する意思決定機関である。その下で、農業統計情報局長会合（高級事務レベル会合）が、政策指針（ガイドライン）と支援方向を決定する。地域ワークショップは、データベースの掲載項目・定義の統一化などの技術事項を検討する。

人材育成

人材育成のための人的資源開発は以下の柱による。①ASEAN地域研修は、各国担当者を招集し、生産収量の統計標本の収集手法、刈り取り法、データ加工法を研修する「基礎技術コース」、需要供給予測、リモートセンシング（衛星情報入手）法、データベース法を研修する「特別技術コース」を開催する。②国別セミナーは、特定国の底上げのため、講師を派遣し、関係機関職員を招集し、共通認識を醸成する。

データベースの構築

統計情報ネットワーク開発は、主要五作物（米、トウモロコシ、大豆、サトウキビ、キャッサバ）の統計データベースを構築し、ウェブサイトに公開した。主要五作物にサトウキビ、キャッサバが入り、小麦やジャガイモが入らないところに、この地域の生活・文化が反映している。統計項目は「面積、生産収量、栽培暦、輸出入、市場価格、消費、備蓄、所得、土地利用、灌漑」の一一項目からなる。これらを総合的・時系列的に見ていくことで、正確な把握が期待されよう。前段の面積・生産収量・栽培暦は農村が調査対象だが、輸出入〜備蓄は食料市場が対象で、農村調査とは異なるノウハウを要する。

ＡＳＥＡＮネットは各国ネットを開発・結合し、さらに各国の中央と地方事務所とを結合する。二つのネット集積体は、国連ＦＡＯ（食糧農業機関）提供の「世界食糧統計」および世界銀行、さらにＡＳＥＡＮウェブと相互にデータ交換する。ネットインフラを整備し、加盟各国とＡＳＥＡＮ事務局に合計五四台のパソコンが装備された。

多国間協力と二国間協力の融合

ＡＳＥＡＮ食料安全保障情報システムを支援するＪＩＣＡの「タイ農業統計及び経済分析開発計画」（二〇〇四―〇八年）プログラムでは、五名の長期専門家を派遣し、作物収量統計に日本の伝統技術である「坪刈り法」（一坪当たり稲収量のサンプル・サーベイ）を適用し、統計精度を向上させ、セミナー、技術指導、システム設計、現場調査マニュアルなどを指導した。ＪＩＣＡの二国間協力として拠点国タイで人材を育成し、ＡＳＥＡＮ食料安全保障情報システムの講師としてラオスなどの近隣諸国へ派遣した。南南協力による統計技術の伝播である。ＡＳＥＡＮ食料安全保障情報システムは、このように多国間協力と二国間協力を結合した。

第一段階として、二〇〇三年から〇八年の五年間、事務局であるタイ農業経済局において、ＪＩＣＡ・技術協力プロジェクトを実施した。長期専門家九名、短期専門家一〇名を派遣し、実測手法（坪刈り）を導入、面積調査を改善した。第二段階として、二国間協力の成果を、多国間協力により各国へ伝播させた。広域農業統計協力の最初の取り組みである。従来は農水省から国際機関へ拠出したが、より効果的な手法として、日本側の直接的な働きかけで、ＡＳＥＡＮ食料安全保障情報システムへの拠出による統計協力を実施した。ASEAN各国は歓迎しており、生産情報から分配・運輸・流通などの情報協力へ向かっている。

ASEAN域内には、諸島・島嶼や山岳・僻地など、災害によって人間生存が脅かされる地域がある。飢餓は、食料争奪、離村・人口流動、紛争・内乱を生み出し、平和を脅かす。農業統計と情報整備は、不測の事態を予測し、食料を必要とする人々へ迅速・的確に援助を行う平和の砦である。国際機関・国家・地方政府・NGO・個人の情報ネットワークを組織した。ASEAN食料安全保障情報システムとJICAのプロジェクトであるタイ農業統計および経済分析開発計画、および東アジア緊急米備蓄は車の両輪として、FAOと連携しながら、東アジア・フード・セキュリティーの地域協力を進展させている。

ASEAN食料安全保障情報システムの第一段階予算は、一二七・三万ドルで、人件費九・一%、接続費一〇・八%、旅費二二・六%、設備取得費一五・三%などである。外部評価では、人的資源開発は満足する結果だが、地域研修は「言語の障害」が問題で、現地語に通じる適切な人材育成が望ましいとされた。遅れた後発国には「追いつき追い越せ工程表」（キャッチアップ・ロードマップ）が必要である。

二　南南協力と早期警戒態勢

南南協力

二〇〇八年四月開始の第二段階は、米《こめ》早期警戒情報と農産物需給見通しの価格情報を新たに加えた。さらに、「相互技術協力」が重視された。たとえば供与国インドネシアと受益国カンボジアとのペア化による「南南協力」（南の世界・途上国の相互間の国際協力）が進展した。中国・韓国もワークショップを主催した。開発段階差を踏まえた地域マスタープランを作成し、食料安全保障情報システムを整備するロードマップが提起された。第二段階は、国別セミナーを廃止、先発の供与国と後発の受益国をペアへ組織し、専門家派遣と研修を実施する「相互技術協力」を新設した。インドネシアからカンボジアへ食料需給分析と予測法を移転し、タイからラオスへ衛星探査情報によるリモートセンシング法を移転、フィリピンからミャンマーへ統計標本調査法をそれぞれ移転・伝授した。

早期警戒情報と農産物需給見通しの新設

早期警戒情報は、主要五作物のうち、米・トウモロコシを対象に、各国に国別報告を求め、当年度の生産予測情報（収穫面積・生産量・収量・前年損害・生育状況）を年二回公表し、必要であれば警報を発令する。

図表３　ASEAN 各国の米需給（2009 年）

	生産（トン）	輸出（トン）	輸入（トン）	備蓄（トン）	利用量（トン）	自給率（%）	安保率（%）	人口（100 万人）
インドネシア	40,656,136	2,601	250,225	1,172,435	38,914,508	105.68	3.05	234.2
フィリピン	10,633,234	177	1,755,184	2,638,287	12,594,133	85.77	21.28	94.0
ベトナム	25,282,075	5,958,300	0	5,680,101	18,550,742	137.94	30.99	86.9
タイ	20,899,417	8,619,871	76,970	6,251,800	11,767,000	185.40	55.49	67.3
ミャンマー	20,196,456	817,068	0	4,345,208	19,346,000	103.92	22.36	60.2
マレーシア	1,585,708	0	1,086,995	475,899	2,470,558	65.45	19.64	28.9
カンボジア	4,592,303	1,471,000	0	128,000	2,961,392	156.89	4.37	15.3
ラオス	1,886,880	16,416	48,683	30,168	1,865,766	105.08	1.68	6.2
シンガポール	0	33,000	280,000	55,000	270,000	0.00	20.99	5.1
ブルネイ	891	0	31,708	15,505	32,849	2.80	48.78	0.4
ASEAN 計	125,733,100	16,918,433	3,529,765	20,792,403	108,772,948	117.13	19.37	598.5

注）　利用量、人口は 2010 年。
資料）　AFSIS, ACO Report No.4, 2010/4.

農産物需給見通しでは、主要五作物を対象に、食料自給率と食料安全保障率を年二回公表する（図表3）。「食料自給率」に加えて、国内利用量に対する期首在庫量を示す「食料安全保障率」という新たな指標を開発して、その二つのデータを開示することは画期的である。

二〇〇九年のにASEANは、米一・二六億トンを生産、二〇七九万トンを備蓄、一六九二万トンを輸出、三五三万トンを輸入した。食料安全保障（フード・セキュリティー）の指標のうち、米の自給率は一一七・一％、米の食料安全保障率（期首在庫率）は一九・四％であった。国別の米自給率は、タイ、カンボジア、ベトナムで高く、シンガポール（〇％）ブルネイ、マレーシア、フィリピンで低い。

自給率の持つ意味はわかりやすいが、米安全保障率のちがいが注目される。タイ、ブルネイ、ベトナム、マレーシアなどで安全保障率が高いことは当然だが、いちおう自給率一〇〇％以上を確保していながら、安全保障率が極端に低い国々のあることが明らかになった。ラオス（二％）、インドネシア（三％）、カンボジア（四％）である。

「ASEAN食料安全保障情報システム」の成果の一つは、互いの実情を相互に認識させることが可能となったことである。たとえばラオスの場合、米自給率は一〇〇％を超えており国内自給可能なのに、米を輸出しながら輸入している。これは、ラオス国内に最新鋭の精米機械・施設が不足するために、その能力が高いタイなどへ玄米を輸出して、あらためて高品質の精米を輸入するためである。インドネシアでも同様な問題を抱える。

また、ラオスやカンボジアのように、かつて「計画経済」がうたわれた後発途上国では、実地調査抜きの増産計画を引き写した生産量右肩上がり統計がまかり通っていたが、こうした慣行は次第に是正され、統計精度を向上させた。正確な情報が、域内の食料安全保障の実態を把握し、予測し監視するうえで重要であることの証左である。

三　新たな情報システムの構想

さらに第二段階では、二〇一一年に日本人専門家をタイ事務局へ派遣し、後発途上国統計データの正確化、農産物需給見通しの対象品目拡大などをはかる。第二段階についての外部評価では、相互技術協力が評価され、今後のシステム標準化とデータベース充実（農業技術・市場貿易統計の拡充・域内地域別情報）などが提案された。

食料安保情報ネットワークの提案

東アジア一三ヵ国農林大臣会合は、ポスト「ASEAN食料安全保障情報システム」の展望をコンセプトノートとしてまとめた。背景には二〇〇八年食料危機に対するASEAN統合食料安全保障枠組みの決定、中国の二〇〇九年ASEAN＋3食料安全保障戦略に関するラウンドテーブル会合の提唱がある。コンセプトノートの指導原理は、各国の積極的な参加により、国家システムを基礎に、持続性のある自律的システムを構築し、後発国の情報不均衡を是正する。新体制の事務局を確立し、財政原則を定め、基礎的運営費用は各国が負担、ボランティア資金により技術支援をめざす。

情報拡大と持続型自立組織

ポスト「ＡＳＥＡＮ食料安全保障情報システム」と位置づけられる「ＡＳＥＡＮ＋３食料安全保障情報センター・ネットワーク」の情報拡大の対象領域は、食料需要の多様化に伴う畜産物情報、食料の運輸・流通・貿易情報、地球温暖化・バイオマス情報、ＪＡＸＡ（宇宙航空研究開発機構）データ活用、脆弱性地域分析などである。ＡＳＥＡＮ＋３食料安全保障情報センター・ネットワークは、各国が資金を負担し、持続的に自立した組織への転換が展望される。またアジア開発銀行、日本の財務省によるＡＳＥＡＮ食料安全保障情報システムへの技術支援ファンドが予定され、その連携と調整が課題である。

今後の課題

ＡＳＥＡＮ食料安全保障情報システムの課題と問題点の第一は、生産レベルの作物統計に限定され、農業生産から加工・販売・消費・貿易へ至る東アジア食品産業の総体把握が弱い。第二に情報の収集が、マクロレベルの食料入手可能性に限定されている。貧困や飢餓が顕在化するのは、特定の脆弱地域においてフードアクセス（食料調達）ができずに、個人における食料利用が困難をきたす場合である。こうした食料脆弱地域の実態や、ローカルな食料統治権の指標の具体化、および「農業の多面的機能」における情報創造などの、具体的な課題が山積みしている。第三に、後発・脆弱地域における食料危機のリスク評価（大災害・食品安全・食料逼迫リスク）と危機管理の情報共有が課題である。地域ごとのフードアクセスを含む、包括的な食料安全保障情報が求められる。

第9章で詳しく述べるように、アジア共通農業政策を共同設計する企画調整組織として、ASEAN＋3（日中韓）の東アジア一三ヵ国農林大臣会合の恒常的事務局の設置を提案する。拡充すべき統計情報の中核として第一に貿易・海外直接投資と食料安全保障の関連情報、農産物輸出規制、農業関連産業アグリビジネス・貿易企業、商品先物市場、知的財産権や食品産業などの情報集積・公表を強化する。第二に農業の多面的機能に関し、水利灌漑・環境資源、農業経営・集落構造、バイオ燃料などの情報を共有する。第三に後発・脆弱地域の食料危機リスクに関し、災害・食品安全・農村貧困などの情報を収集・整理する。共通の安全保障の原点から、食料への権利を尊重する貿易自由化と、地域協力とを並存させた包括的な経済連携協定を構築する。

日本の役割は、先端知識をアジア各国へ移転し、アジアの共通市場を拡大する「知識基盤型」の国際貢献にある。

第4章　食品安全の地域協力

一　食品安全協力の緊急性

FAO「食品安全緊急予防システム」の背景

東アジアにおける食料安全保障の地域協力の将来展望を考えるためには、食のグローバル化に伴い、食品安全の地域協力をどう制度設計するのかが問われている。

そこで、はじめにFAO（国連食糧農業機関）が、二〇一〇年に設置した「食品安全のための緊急予防システム長期戦略計画」の特質を検討したい。食品安全緊急予防システムは、国境をこえ急速にグローバル化した食料連鎖（フードチェーン）、生産から加工・流通・貿易、さらに消費へいたる食料の垂直的な連鎖、つまり「食料供給機構」（フード・サプライ・システム）のすべての段階における、食の安全性への脅威に対応し、問題を緊急解決することを目的とする。「フードチェーン危機管理枠組み」である。これはＦＡＯの最新の戦略目的Ｄ「フードチェーンのすべての段階における食品の品質改善と安全性」の主要成果として確認される。同事業部門の所管主体は、これまでも国際的な食品安全にコミットし、国連世界保健機関と協力して「国際食品規格委員会」（コーデックス委員会）の運営を担ってきたＦＡＯの栄養・消費者保護部である。

食品安全緊急予防システムが設置される背景となった、「食品安全緊急事態」を生む現代的な諸要因は以下である。

第一は、先進国・途上国を貫通して食料取引が国境や大陸を越えて進展する「食料供給機構の国際化」がある。世界の「食料・農産物取引価額」は、二〇〇〇年の四〇〇〇億ドル（約四〇兆円）から二〇〇七年の九〇〇〇億ドル（約九〇兆円）へ倍増した。食料安全性への脅威は、国境を超えるグローバル・イシューとなった。

第二に、食品安全は、食料安全保障（フード・セキュリティー）の重要な要素となり、両者の相互作用が注目される。途上国の食料不足は、安全でない食料を摂取するという危険を拡大し、また食料安全への人々の不安と恐怖は、入手可能な食料のロスを拡大する。さらに増産のための肥料・農薬・医薬品の使用と乱用は、食品安全リスクを拡大する。

第三に、フードチェーンの国際化によって、グローバルな食品素材や中間原料の使用の結果、特定国・地域で発生した食品安全リスクは、世界の多くの市場へ波及し、連鎖的に脆弱性を発現する可能性が拡大した。また消費者の世界的な「食品安全不安」を助長させかねない。そこで「食品安全緊急事態」への対応の国際的な標準化が求められる。

第四に、世界の各国の食料政策と食品管理制度、国民の食品安全の認識レベルは多様であり、異なっている。食料の国際取引は、これら異なる国々を結ぶ供給連鎖（サプライチェーン）の上に構築される。世界的な「食品安全緊急事態」を予防し対処するためには、農場から食卓へ至るすべての過程において、食品安全・品質基準を達成するような国際協力が必要である。

第五に、食品加工産業における技術革新は急速に進展し、それに伴う食品安全の潜在的な危険も随伴しており、新たな危険の分析と科学的援助が求められる。同様に、気候変動と途上国の急速な工業化は、バイオ燃料生産や食品汚染、人獣共通感染症などへの影響を与えており、これら新たに生じる問題への予測的監視（ホライズン・スキャニング）と早期警戒システムの構築が課題である。

システムの三つの重要領域

食品安全緊急予防システムは、①早期警戒、②緊急事態対応、③迅速対応の三つの重要領域と、八つの構成要素からなる。

①早期警戒では、「要素1」は各国の国際食品安全当局ネットワークと連動し、食品安全の脅威について「早期警報を発令」する。WHO（国連世界保健機関）の公衆衛生情報とFAOの農業・食品生産・加工情報を有機的に取り入れ、予防的アプローチを重視する。「要素2」の「予測的監視」（ホライズン・スキャニング）は、農業・食料生産・加工などフードチェーンにおける脆弱性を考慮し、めだたない兆候や指標を探知し分析し、脅威を予測する。そのため、FAOの世界食料農業情報早期警報システム、および食料不安脆弱性情報地図システムなどの運用経験を活用し、OECDや世界食

糧計画、WTO（世界貿易機関）などの国際機関とのネットワークを構築する。

②緊急事態対応では、「要素3」はさしせまった「脅威の深刻化を予防」するため、FAOチームと専門知識を共有し、途上国にとっての最適な効果を付与し、国家機能の開発を支援する。「要素4」は食品安全の複数の脅威をリスト化し、分類し、ランク付けして、「優先順位付け」を行う。各国の食品安全対応システムの能力の脆弱性を分析し、不足する知識を解明する。「要素5」は食品安全脅威に関する不足している「知識を充足」するために、専門家会議を開催し、どこに研究ニーズがあるかを広報する。「要素6」は食品安全の脅威の優先順位にもとづき、FAOの能力形成チームの技術設計と同機関の技術協力局との協力によって、主要な脅威の長期的、持続的な「防止のための多面的計画」を策定する。「要素7」は加盟国に対して「食品安全緊急事態」への常時対応体制を整備する計画を実施するため、多分野間協力や地域内協力の指針などの「ツールを開発・提供」し、また国レベルの「助言と支援」を与える。

③迅速対応では、「要素8」はFAOの「フードチェーン危機管理枠組み」の中で、国際食品安全当局ネットワークの早期警報と予測的監視、加盟国要請などにより確認された「食品安全緊急事態」に対して適切な対応措置をとる。特に専門家を動員して、緊急評価を行い、またFAOの緊急支援・復興部の支援を受け、食品安全の問題の特定、検査、対応措置の認証、技術・財政動員およびリスク評価、リスク管理、リスク情報伝達を指導する。

二　国際食品規格委員会とアジアの食品安全協力

食料安全保障と食品安全

以上の食品安全を確保する緊急対応の国際協力の枠組みを踏まえながら、東アジアにおける食品安全の地域協力の将来展望を検討したい。すでに東アジア地域の食料は、国境をこえ急速にグローバル化した食料連鎖（フードチェーン――生産・加工・流通・貿易から消費へいたる食料の垂直的な連鎖）に深く包摂されている。食品安全緊急予防システムの枠組みの東アジア地域レベルにおける確立が、共通の食料安全保障の重要課題となっている。そこで、二〇〇八年八月の「ASEAN統合食料安全保障」（AIFS）構想を踏まえ、東アジア共通の食料安全保障政策の構築論理、連携の可能性を探るために、「安全性にも配慮した食料安全保障の確立」へ注目し、その一環としてASEAN＋3（日中韓）における食品安全性の地域協力の可能性を検証したい（図表4）。

第一に、国際食品規格委員会の食品リスク分析（アナリシス）の共通基準とアジア各国の参加状況を検証する。第二に、消費者の安全認知度をはじめ、食品の生産過程やその担い手の食品産業・食品企業における包括的衛生管理、つまり「危害分析重要管理点」（HACCPハセップ）、や「適正農業規範」（GAPギャップ）、および「トレーサビリティー」（生産遡及性）などの安全管理手法のアジア各国への普及状況を検証する。以上の食品リスクの評価とリスクの管理との二側面の双方から課題

図表４　食品安全リスク対応の３要素のアジア地域協力

食品安全リスク対応の３要素	食品リスク防止の共通制度
①食品リスクの評価	国際食品規格委員会アジア調整部会 大豆食品などの地域食文化とアジア規格
②食品リスクの管理	グローバル・フードチェーン管理 FAO 食品安全のための緊急予防システムの長期戦略（早期警戒、緊急事態対応、迅速対応）
	食品事業体の安全認証 ①農場の「節約して栽培」、適正農業規範 ② APO 食品加工工場の危害管理／食品安全管理 ISO22000 などの支援
③食品リスクの伝達	正確な情報開示・提供 広報・メディア・市民による監視
	東アジア食品安全トレーサビリティー事務局提案 情報共有・人材育成・技術協力

資料）FAO アジア太平洋事務所資料をもとに著者作成。

を照射したい。

つまり食料連鎖（フードチェーン）危機管理の一環として、二国間では対応できない課題、地域的なルールづくりへの関与から、日本の食品安全行政の知的資産をいかに普及・移転するか、情報共有・人材育成・制度構築支援という観点から制度設計がもとめられる。南石晃明は『東アジアにおける食のリスクと安全確保』（二〇一〇年）で、日本・中国・韓国の比較により、消費者意識、適正農業規範、危害分析重要管理点、食品トレーサビリティーなどの制度と現実を分析している。しかし現状の食品安全行政の農林水産省の所管部局は、国際食品規格委員会は消費安全局国際基準課に、危害分析重要管理点は総合食料局食品産業企画課に、適正農業規範は生産局技術普及課に、生産遡及性（トレーサビリティー）は消費安全局食料安全政策課に、それぞれ所管される。こうした縦割りの行政を調整し、フードチェーンの危機を包括的に管理する体制整備が求められる。

国際食品規格委員会

国際食品規格委員会（CODEXコーデックス）は、一九六三年にFAOと世界保健機構によって設立された国際的な政府間機関であり、消費者の健康の保護つまり食品安全と、公正な食品貿易の確保つまり品質・表示に関する「国際食品規格」の作成を担当する。参加国は一八四ヵ国＋一地域（EU）である。事務局はローマにある。またWHO（世界貿易機関）の衛生植物検疫措置協定による食品安全の措置は、国際食品規格を基礎としなければならない、とする。つまり世界の食料貿易ルールの基準となる。

コーデックス委員会は、政府代表と国際機関オブザーバーからなり、その組織は、年一回の総会、執行委員会、一般問題部会（一〇部会）、個別食品部会（一一部会、うち六部会は休止）、特別部会（期間限定で家畜飼養、スイス）、地域調整部会（六部会）からなる。部会はホスト国が主催し、開催費用を負担する。

アジア諸国のホスト国への関与は、一般問題部会では、食品添加物（中国）、残留農薬（中国）、個別食品部会では油脂（マレーシア）、地域調整部会（日本）である。地域選出代表団はアジアから中国が執行委員会へ出席する。なお、アジア地域の特別部会の過去のホスト国では、日本（バイテク由来食品）、タイ（急速冷凍食品）、韓国（抗菌剤耐性）であり、東アジア諸国の関与が増大している。

コーデックス委員会は、国際リスク評価機関として、FAOと世界保健機構との合同で設置される食品添加物専門委員会、残留農薬専門家会合、微生物学リスク評価専門会合と協力して、国際食品規格を作成する。国際食品規格の作成プロセスは、ステップ①の総会の作成決定から、②事務局原案、③各国コメント、④部会検討、⑤総会採択、⑥規格案各国コメント、⑦規格案部会検討、⑧総会のコーデックス規格採択の八ステップとなる。

コーデックス委員会における食品安全に関わる食品中の汚染物質の基準値設定は、アララ（ALARA）原則による。アララ原則は、消費者の健康保護を必要条件とした上で、合理的に達成可能な範囲で、できる限り低く設定し、生産や取引の不必要な中断をさけるため、通常の濃度範囲よりもやや高いレベルで設定する。コーデックス委員会の食品安全のリスク管理は、前出のFAOの食品安全緊急予防システムと同様に、食料連鎖（フードチェーン）・アプローチを行う。つまり、消費者サイドの下流から上流へ、最終製品の検査から、生産・流通・消費の一連の過程を管理する手法である。具体的には、適切な生産・製造・保管方法などの指針を策定し、①食品汚染の防止対策、②実態調査による含有の評価、③必要に応じた基準値、規制措置を実施する。フードチェーン各段階における生産・製造法を改善し、安全性を向上させる。規制・基準はリスク管理措置のひとつにすぎない。

アジア地域調整部会

コーデックス委員会の下部機関のアジア地域調整部会は、ASEAN＋3の一三ヵ国を含む二三ヵ国で構成され、事務局は持ち回りで調整国におき、一九七八年インド開催から、直近では二〇一二年に日本で開催された。アジア地域調整部会の総会からの付託事項は、ⓐ食品基準・管理の課題の定義、

ⓑ食品管理の情報交換、ⓒ地域内関心品目の世界基準開発を総会提案、ⓓ地域間貿易製品の地域基準、ⓔ地域課題の総会への提起、ⓕ国際機関などによる地域食品基準の調整、ⓖ総会で承認される地域調整の役割、ⓗ加盟国のコーデックス規格使用の促進である。

二〇一〇年インドネシア開催のアジア地域調整部会では、さご椰子粉、発酵性大豆食品（豆腐・テンペ）、チリソースなどの地域固有の食品規格が審議された。また民間基準の影響、生産遡及性（トレーサビリティー）ガイドライン策定、「戦略計画2008―2013」なども付託された。さらにその他事項として、①海苔製品、②ゆず茶、③ドリアン、④食用昆虫（コオロギ）も地域関心製品として地域規格の検討が協議されている。二〇一二年には日本開催のアジア地域調整部会となった。いずれもアジアの食文化にねざした品目である。

規格作成には、定義、製法、残留農薬などの安全面配慮の基準が必要であり、ガイドライン策定や実践規範の提供まで求められる。それが世界標準になる。たとえば海苔製品に関しては、日本、韓国、中国が関心をもっている。各国の合意のためには、前出の残留農薬専門家会合における残留農薬の最大基準値を専門家会合にゆだねることも求められる。

以上のようにアジア地域の食文化の特性を踏まえ、食料安全性を前提として確保する食料連鎖（フードチェーン）の構築が求められる。アジア共通の特性である小規模農家の生産する農産物を原料とする食品は、人口濃密地域において消費される。アジアの環境共生型社会における持続可能性を最大化し、「緑の生産性」による「緑の成長」の観点から、環境に配慮した食品安全性をいかに確保するのか。

自然の恩恵を受ける農林水産業においては、生態系と生物多様性を踏まえ、食品安全基準を共有する東アジア共通食料安全政策の構築が不可欠である。その潜在的可能性は、国際食品規格委員会の部会ホスト国をつとめる日本、韓国、中国、タイ、マレーシアなどの中核的な国々がリーダーシップをとりながら、先発途上国から域内のカンボジア・ラオスなどの後発発途上国への相互技術協力、「南南協力」へ向かう食料安全性の地域協力の道としてすでに準備されている。

東アジア食料安全保障情報システムにおける途上国の相互協力の経験が貴重である。東アジアにおけるフードチェーン（生産・加工・流通・貿易から消費へいたる食料の垂直的な連鎖）のすべての段階における食品安全の予防・解決の危機管理機構の構築である。さらに地域の生物多様性を踏まえた食品安全基準・食品規格の構築は、食品の知的財産権制度の共通化へ向かう。こうした方向は、地域の食料経済（フードセクター）の経済発展とともに、国際化した食品産業・アグリビジネスの経営安定を生み、消費者の健康保護という公共的利益を確保するものである。

三　アジア生産性機構による地域協力

アジア生産性機構（ＡＰＯ）は、一九六一年にアジア諸国の政府間合意により形成された国際組織である。現在東アジアのＡＳＥＡＮのうち八ヵ国と日本、韓国の小計一〇ヵ国、さらにモンゴルを含む二〇ヵ国・地域（台湾・香港）で構成される。「相互協力」による生産性向上を通じて、社会経済の発展と生活水準の向上をめざす。中国の加盟も検討されている。

アジア生産性機構の事業

おもな事業は、人材育成のための教育・研修、専門家派遣・環境製品（エコプロダクツ）展などであり、各国の生産性本部と連携する。アジア生産性機構の農業部の事業は、セミナー、研修、視察、電子学習の形態である。その課題は、①農業生産（有機農産物、適正農業規範）、②食品企業経営（生産性向上、付加価値向上）、③収穫後管理（ポストハーベスト）技術、④食品安全（国際標準機構規格ＩＳＯ２２０００、リスク評価、トレーサビリティー）、⑤農村振興（一村一品運動、適正貿易フェアトレード、農村雇用）、⑥食品産業振興（生産集積クラスター、六次産業化、リスク管理）、⑦緑の食品供給連鎖チェーン、⑧市場販売戦略（地域ブランド）、⑨農業普及である。

上記九課題のうち、アジア生産性機構・農業部の食品安全の関連事業は、二〇〇七年は食品安全国際標準規格の研修ワークショップ（ホスト国日本）と危害分析重要管理点（韓国）の研修を実施し、翌年から三年間の電子学習事業を継続している。食品安全国際標準規格ＩＳＯ２２０００は、「食品安全運営体系マネジメントシステム――フードチェーンに関わる組織に対する要求事項」の国際標準規格として、二〇〇五年に発行された。危害分析重要管理点（ＨＡＣＣＰ）の認証より範囲が広く、食品安全のため農業・漁業の一次産品から小売・製造・加工機材・運輸など、フードチェーンのすべての組織が対象である。

また「危害分析重要管理点」は、食品に含まれる危害要因（ハザード）を分析し、その除去の工程を管理する手法である。アメリカで開発され、国際食品規格を踏まえた食品安全の基準と管理手法である。食品製造の加工過程プロセスへ適用される。なお二〇一一年米国食品安全強化法は、全食品施設への「危害分析重要管理点」手法の導入を義務付けづけた。

各国への普及活動

アジア生産性機構は、食品安全国際標準規格と危害分析重要管理点のアジア諸国への普及に取り組んできた。

二〇一〇年アジア生産性機構の食品安全事業（ホスト国日本）では、生産遡及性（トレーサビリティー）の電子学習と視察研修が実施された。生産遡及性は、食品安全のために、消費者の最終段階から、卸・小売、運輸、食品加工さらに農業へ至るまで、流通履歴をさかのぼって追跡することで、より強固な食品安全性を確保する手法である。日本では生産遡及性の観点から牛肉の狂牛病（BSE）問題に対し、全頭検査を実施し、小売りにいたる個体認識番号で解決した。また事故米穀対応のために米の生産遡及性が義務化されている。

アジア生産性機構の電子学習は、「食品安全管理システム、電子学習・トレーサビリティー・システム」、および「その基礎・要件・原則・実施に関する事項」「特定部門の魚介類や肉、それぞれの衛生基準」を、食品産業関係者へ研修する。また二〇一一年のアジア生産性機構・食品安全事業は、農産物・食品のリスク管理が実施された（マレーシア）。事業は微生物、農薬、動物医薬品のリスク評価を、専門家を派遣して研修を行う。

以上はアジアの全加盟国を対象とした事業であるが、アジア生産性機構・農業部特別事業「アジア農業生産性向上後発開発途上国等支援事業」（二〇〇四年から二〇一〇年）は、カンボジア、ラオスなどの後発途上国に対し、食品安全と食品産業発展への寄与をめざした事業である。生産性向上では、日本への視察、研修ワークショップ（5Sカイゼン）、モデル企業事業（専門家派遣、カンボジア一五社、ラオス二社）が実施された。「5Sカイゼン」とは、日本語の「整理、整頓、清掃、清潔、躾《しつけ》」の五つの頭文字Sを示し、ボトムアップの食品安全改善をめざす運動である。

食品安全では、収穫後管理（ポストハーベスト）、危害分析重要管理点、適正製造規範（GMP）の知識普及の研修、さらにカンボジアの適正製造規範モデル食品企業四社の事業が実施された。その結果、「5Sカイゼン」と企業の生産性・品質・労働意欲の向上がみられ、食品安全意識が向上し、企業の適正製造規範の能力が強化された。

さらに、アジア生産性機構・農業部特別事業「アジア地域における食品の生産・流通管理技術向上支援事業」（二〇一〇年―）は、カンボジア・ラオスを対象に、農業から食品加工企業、卸・小売の流通業、運輸業、消費者の最終段階へいたる食料供給体制を、安全性、生産性、品質向上によって強化する。特にカンボジアでは、高度な食品安全管理手法の普及モデル企業を育成し、ラオスではアジア生産性機構のモデル企業と米の収穫後管理（ポストハーベスト）を普及させる。その典型である「カンボジア高度食品安全管理システムのモデル企業事業」（二〇一一年六月―二〇一二年九月）は、モデル企業のリリー食品（スナック菓子、日本の海外貿易開発協会とドイツSES社の技術支援）とメアリー社（果汁飲料）には危害分析重要管理点を導入し、ユーロテック社（ミネラル水、ドイツ産業機械企業が母体）には食品安全国際標準規格を導入した。これらモデル企業三社には、期間中に専門家が六回訪問し、研修教育・訪問指導を行う。その中間期間には現地のカンボジア生産性委員会の職員がフォローアップの訪問指導を行い、指導内容を定着させる。そして蓄積された経験は、他の企業・関係者へ企業訪問を行い、経験を伝達し、共有と普及を勧める。

アジア生産性機構・農業部特別事業の今後の発展構想は、食品安全能力を初歩的なものから順次、高度のものへ、つまり5Sカイゼンから適正製造規範、さらに危害分析重要管理点から食品安全の国際標準規格へと高めていく。さらに食品安全能力形成の連携回路として、大人数研修ワークショップによる基本知識から少人数研修による実践知識、モデル企業の安全技術確立・実践、それを大人数研修ワークショップによる経験共有、教材開発へと連携していく構想である。

食品安全性の地域協力の三条件

以上みてきたアジア生産性機構による食品安全性の地域協力の必要三条件をおさえておこう。第一に、各国政府による食品安全規制と監督体制を整備し、食料連鎖（フードチェーン）全体の食品安全管理のための、必要な行政制度改革を実施する。これを前提に、第二に、安全な食料を供給するフードチェーンのすべての段階における食品危害（ハザード）除去管理を導入する。すなわち、①農業生産における適正農業規範、有機農業、収穫後管理（ポストハーベスト）を導入、②食品加工経営における適正製造規範、危害分析重要管理点、食品安全管理の国際標準規格、統合品質管理、全社的品質管理、整理・整頓・清掃・清潔・躾の職場環境の改善（5Sカイゼン）を導入、③運輸業、④卸・小売業、特に生鮮食品における「適正処理規範」、⑤消費者の食品安全・認識向上の連鎖管理を構築する。第三に、以上の安全な食料供給のフードチェーンを支える社会資本インフラを整備する。特に、輸送・交通システム、上下水道、電気、ITなどの基本インフラ、および生鮮食品・低温管理供給連鎖（コールドチェーン）と食品安全国際標準規格のめざす生産遡及性システムの構築が戦略目標である。

つまり、こうした食品安全性の地域協力によって、アジア諸国の食品産業における、緑の食品供給連鎖チェーン、「緑の生産性」を向上させ、それによって相互依存を深めるアジア地域の食料セクターが、地域経済の「緑の成長」を創出する、という戦略目標である。

四　トレーサビリティーの共同制度

以上の結論として、「東アジア食品安全・生産遡及性（トレーサビリティー）システム」（仮称）の制度設計を提案したい。食品安全・生産遡及性システムは、東アジア一三ヵ国農林大臣会合の東アジア食料安全保障協力の枠組みのなかで構想される。食品安全・生産遡及性システムの目的は、東アジア地域の急速にグローバル化した食料連鎖（フードチェーン）における食料安全性の脅威を解決するために、すべての段階における食品安全性を確保し、地域全体の「安全性にも配慮した食料安全保障」を確立することにある。

そのため第一に、食品安全・生産遡及性システムは、ＦＡＯの「食品安全のための緊急予防システム」と緊密に連携し、東アジアにおける食品安全を担う能力形成教育（キャパシティー・ビルディング）、人材育成を地域協力によって促進する。特に、①早期警戒、②緊急事態対応、③迅速対応の三領域における情報の共有化を実現する「東アジア食品安全ＷＥＢサイト」を立ち上げる。食品安全・生産遡及性システムは、このような情報共有を基礎として、ＡＳＥＡＮ＋３の構成各国の食品安全行政の分断された所管部局を横断し、フードチェーンの危機を包括的に管理する体制整備を促進する。ＦＡＯの戦略目的Ｄの枠組みに準拠し、安全な食料取引と人々の健康の保護のため、東アジアの食料安全保障のための、各国政府機関の食品安全制度改革に貢献する。

第二に、食品安全・生産遡及性システムは、食品安全基準を共有する東アジア共通食料安全政策の構築のために、国際食品規格委員会の「アジア地域調整部会」などの部会ホスト国をつとめる日本、韓国、中国、タイ、マレーシアなどの中核的な国々がリーダーシップをとり、各国の得意分野を発揮して、先発途上国から域内のカンボジア・ラオスなどの後発途上国への相互技術協力、「南南協力」による食料安全性の地域協力を実施する。特に、食品安全・生産遡及性システムは食品安全を確保する専門知識の充足と普及、食品安全脅威の防止計画、緊急対応手法（ツール）の開発・支援、フードチェーンの統括管理の能力形成を促進する地域経済組織とする。また「東アジア食品安全・生産遡及性（トレーサビリティー）システム」は、東アジア地域の生物多様性を踏まえた独自の食品安全基準・食品規格を構築し、食品の知的財産権を確立し、その共同管理を実現する。こうして持続可能性を最大化する「緑の生産性」を向上させ、食料経済部門（フードセクター）の経済発展、国際化した食品産業・アグリビジネスの経営安定による「緑の成長」を実現し、消費者の健康保護という公共的利益に貢献する地域協力を担う。

第三に、食品安全・生産遡及性システムは、アジア生産性機構が進めてきた食品安全性の地域協力の経験に学び、安全な食料を供給するフードチェーンのすべての段階における食品ハザード除去管理システムを導入し、食品安全・生産遡及性システムを構築する。具体的には食品安全・生産遡及性システム（ＥＡＦＳＴＳ）は、①農業生産部会において適正農業規範（ＧＡＰ）、有機農業、ポストハーベスト管理を導入する。②食品加工経営部会において、適正製造規範、危害分析重要管理点、食品安全管理・国際標準規格、統合品質管理を導入する。③運輸業・卸・小売業部会において、生鮮食品における適正処理規範を導入する。⑤消費者部会において食品安全・認識向上のためのリスク・マネージメント能力を構築する協力を行う。特に食品安全・生産遡及性システムは、食料連鎖（フードチェーン）の全体を管理する低温管理連鎖と食品安全・国際標準規格のめざす食品安全・生産遡及性システムの構築を戦略目標とする。

以上食品安全・生産遡及性システムは、①東アジア食料連鎖（フードチェーン）の非常事態にたいする危機管理を担うキャパシティー・ビルディング、人材育成、②域内の食料安全の規格開発と相互技術協力の促進、③食品安全、国際標準規格をめざす食料供給トレーサビリティー・システム各段階の管理・認証、の三つ柱を担う地域経済協力の組織として制度設計される。食品安全・生産遡及性（トレーサビリティー）システムは、東アジア一三ヵ国農林大臣会合の合意にもとづき構想され、各国政府に承認された地域協定として出発する。また恒常的事務所を設置する。食品安全・生産遡及性システム事務局は、先行する東アジア緊急米備蓄機構、およびＡＳＥＡＮ食料安全保障情報システムとも緊密に連携する。

そのためにＡＳＥＡＮ域内の適切なロケーションが考慮されるが、すでに二つの事務局があるタイ・バンコクなどが検討されよう。また将来は、以上の米備蓄、食料安保情報、食品安全の三つの事務局を包括する東アジア一三ヵ国農林大臣会合の恒常的事務局の組織が展望される。

五　環境農業への転換

小規模農家を主役に

本章の食料安全をふくむ食料安全保障協力の展望の最後に、環境に配慮し、生態系と生物多様性を踏まえ、食品安全性を確保する農業における新しい構造転換、環境農業へのパラダイム転換を展望しておきたい。消費者にとっての食品安全は、大規模農場と大企業による農薬多投・遺伝子組換え作物を使用する近代化農法では達成されない。反対に、小規模農家による環境に優しく、地域の生態系を活かす持続可能な農法による安全食品の生産によって実現する。消費者と小規模農家の連帯の構造である。

ＦＡＯの二〇一〇年世界食料デーは、二〇〇九年世界食料サミットを受けて、国際農業開発基金、世界食糧計画との連携による「飢餓克服連帯」を提案した。それによれば、現代集約農業は、土地と水、地域環境へ負担をかけてきた。新しい農業革命は、未来を養う。飢餓を克服する食料生産と、貧困者へのセーフティーネット、市民社会とのパートナーシップが不可欠である。特に、飢餓克服の必要な食料を生産するためには、世界で二五億人を占める小規模農民とその家族が、環境を保全しつつ穀物を増産する持続的農業をめざす。

持続的農業のためには土壌微生物と健全な土地の維持、地下水や肥料の適正な効率利用による生態系（エコシステム）アプローチへ転換せねばならない。環境保全農業への新しい構造転換である。政府の役割は、二〇〇九年イタリア・ラクティラG8の「食料安全保障主導権」（フード・セキュリティー・イニシアティブ）、二〇一〇年カナダ・ムスコカG8の「責任ある途上国への国際投資提案」のように、国際公共政策として、生態系（エコシステム）アプローチによる持続的食料生産を促進し、世界の食料安全保障へ貢献することである。小規模農民の土地保有の安定化や、自然資源の保護、投資と協同などの包括的アプローチへの転換である。

節約して栽培する

以上の「飢餓克服連帯」を具体化したものが、二〇一一年五月のＦＡＯの「節約して栽培する」(Save and Grow)、「小規模農家による持続可能な農作物生産の強化のための政策立案者ガイド」である。第一に、「節約して栽培する」の課題は、資源を守り、環境負荷を減らし、自然資本と生態系の便益を高める。同時に、同一の土地面積から多くを生産する、包括的な普及型の生態系（エコシステム）アプローチにある。第二に、農作物と品種では、遺伝的に改良された多様の品種を供給するために、遺伝資源の保護、公的育種、農民の種子と地域ローカルな種子事業体への支援などの政策が求められる。第三に、農業耕作では、農民は、耕起を必要最小限に抑え、過剰な土壌流出をせずに、土壌表層を保護し、作物の交互作付け（輪作など）によって土壌を肥沃化する「保全農業」を行う。この保全農業は品種、総合的病害虫管理、水管理、作物・家畜・森林統合を組み合わせた「知識集約型システム」であり、農民の圃場学校（ファーマー・フィールド・スクール）などの普及型アプローチによる農民の能力形成を支援する。小規模農家の持続可能農業の確立政策が必要である。

この保全農業システムの構成要素の第一は、水管理である。水を節約する生態系アプローチによる灌漑である。つまり土壌の塩害や硝酸塩汚染などの環境負荷を回避するために、知識にもとづいた「より賢明で精密な水管理」を行う。また降雨依存型地域では水を節約する管理が求められる。

第二は、土壌の健全性である。生物相と有機物に富む健全な土壌のために、植物栄養の天然資源を活用し、「無機質肥料・化学肥料を適切・適量に与え賢明に利用」する。また土壌の健全性を向上させるための政策として、保全農業や耕種連携、農業・林業複合経営（アグロフォレストリー）を奨励する。農業を尿素肥料の深層施肥やその土地特有の栄養管理などの精度の高いアプローチ、精密農業へ移行させる。

第三は、植物防疫である。農薬は害虫を駆除するが、同時に天敵をも殺してしまう。また過剰な農薬使用は、農民だけでなく、消費者や環境にも有害である。植物防疫の最前線は、健全な農業生態系である、という観点から、①害虫の損害を最小にする、抵抗性品種、天敵の活用、作物栄養分レベルの管理を行う。②疾病の対策としては、無菌資材の利用、輪作、感染源植物の排除を行う。③雑草管理では、時宜にかなう手作業の除草、最小限の耕起、土壌表面の残存物活用を挙げる。このような「照準を定めた防除」のために、必要に応じて、リスクの低い合成農薬を、適量かつ適時に使用する。こうした「総合的病害虫管理」は、農民の圃場学校、生物防除剤の現地生産、厳しい農薬規制、化学農薬補助金の排除によって促進する。

小規模農業にみあった農業開発改革

以上のような「節約して栽培する」「小規模農家による持続可能な農作物生産」の強化のためには、農業開発に関する政策と制度の抜本的な改革が必要である。

第一に、農業は採算がとれなければならない。小規模農家は投入財を購入でき、農産物を適切な価格で販売できる。最低価格の補償や、低所得生産者への投入財の「効果的な補助金」を講じる方法がある。

第二に、小規模農家が、天然資源を賢く利用できるような、「環境便益支払い」などのインセンティブ（誘因策）を考案する。また農業投資のために、信用給付（クレジット）へアクセスする際の取引費用を削減する。

第三に、非正規の種子や肥料などの農業生産投入財を売る悪質な取引業者から小規模農家を保護する規制を導入する。

第四に、途上国における小規模農家へ適正な技術を提供し、農民の圃場学校によって能力を高めるために、研究・技術移転体制の再建のために、大幅な投資が求められる。

持続可能な農業生産の強化は、要約すると、「節約して栽培する」である。つまり天然資源を節約して使い、同時に収穫を増大させる。自然の力を引き出し、適切かつ適量の外部投入財を適時にあたえる生態系（エコシステム）アプローチ、小規模農家への包括的な普及型の生態系アプローチである。農業における新しい構造（パラダイム）転換である「節約して栽培する」の国際的な枠組みを踏まえながら、モンスーン気候と水田の零細規模農業を共通の特質とする、東アジアにおける共通農政改革をいかに進めるのか。いわばその管制センターとして、「(仮称）東アジア生態系農業政策センター」(East Asia Ecosystem Agricultural Policy Center, EAEAPC）を東アジア農林大臣会合の合意のもとづき構想して、設置することを提案したい。これは食品安全・生産遡及性（トレーサビリティー）システムと密接に連携し、農業おける適正農業規範、有機農業、持続可能農業とコラボレーションしながら、食料連鎖（フードチェーン）の最上流における食品安全を確保するコアとして機能することが期待される。

六　展望

以上を踏まえ、東アジアの地域食料協力の展望を考察したい。国際アジア共同体学会二〇一二年三月のフォーラム「3・11後の東アジア人間安全保障共同体をどう構築するのか」は、東日本大震災後の日本再興として、「東アジア人間安全保障共同体をどうつくるのか」「知識共同体から食料環境エネルギー共同体へ」「経済共同体から安全保障共同体へ」を論じた。グローバル化のなかで地域内の相互依存経済が深化し、事実上の地域統合が進展、人間生存を確保する「人間の安全保障」の共同体が展望される。知的資産を活用し共有する「知識」を鍵とし、人間生存の根本にかかわる「食料」と「環境」さらに「エネルギー」の地域協力により、三領域の地域紛争が止揚され、反軍事の「東アジア人間の安全保障共同体」が生まれる、という道筋である。同フォーラムの「東北宣言」は、「日中食品安全イニシアティブと、コメ緊急支援備蓄システムを軸にアジア共通農業政策」「アジア・グリーンファンドの創設とアジア共通環境税の導入により、再生可能エネルギーを軸としたアジア共通の緑の成長の道」「東シナ海ガス田共同開発、日中韓ASEANエネルギー協力体制の構築」を提案する。

以上の「食料環境エネルギー共同体」は、通貨・金融・財政面から、「アジア共通通貨バスケット、共通貿易決済システム、アジア投資銀行」によって保証されるとする。地域協力からアジア共同体の展望は、日中韓自由貿易協定からASEAN+3（日中韓）、さらにオーストラリア・ニュージーランド・インドを加えたASEAN+6という広大なアジア経済圏形成への途として拓かれる。

第二部
食料と国際秩序

中国貴州、少数民族のローカルマーケット

第5章　食料が足りない時代へ

この間、東アジア緊急米備蓄のリージョナルな協力や、食料安全保障のための情報共有・人材教育といった、いわばささやかな努力が積み重ねられてきた。こうした歩みは、すべてを市場メカニズムへ委ねるということではない以上、何らかの形で、「食糧をめぐる国際秩序」の形成へ向かわざるを得ない。そこで、今日、いかなる世界経済の仕組みが登場しているのか。あるいは食糧をめぐる国際関係、食糧貿易を規制する世界貿易機関は、いかなる新しい国際秩序をつくろうとしているのか。

ＦＡＯ（国連食糧農業機関）報告「食料価格――危機から安定へ」（二〇一一年）は、二〇〇五年―〇八年から、世界の主要食料価格は過去三〇年で最高となり、「安い食料の時代は終わった」と宣言した。現段階の食料価格高騰をいかに理解するのか。

世界銀行は、最貧途上国を襲う「食料を機軸とする価格高騰」（アグフレーション）と警鐘をならす。ＦＡＯは、それは、穀物在庫率の歴史的低水準に起因し、穀物が作付けを競い合う、供給側主導の需給逼迫とする。また柴田明夫『食糧争奪』は、原油・鉄・石炭などの資源価格高騰の延長上にあり、食糧も有限な高い資源時代を迎え、新興経済国の先進国への「追いつけ追い越せ」（キャッチアップ）による旺盛な需要により、食糧をめぐる国家間の争奪、市場間の争奪（食糧とバイオマスの競合）、農工間の「水と土」争奪の結果であり予兆である、とする。

他方「世界の食料事情が構造的に不足の基調になったとは考えにくい」という見方や、食料価格の高騰やバイオ燃料との競合を重視しない見解もある。しかしこうした異論を含め、いずれにせよ、二〇〇八年六月の国連食料サミットの宣言（ローマ）のように、食料価格高騰、食料危機・食料機軸の価格高騰（アグフレーション）は、国際社会の共通課題（アジェンダ）となった。

本章は、第一に、グローバル食料危機・食料価格高騰の構造と論点を、開発政策と途上国の視点から解明したい。第二に、グローバル食料危機の解決として、東アジア緊急米備蓄と食料自給力の強化をめぐる国際協力を究明したい。さらに、第三に、東アジア共同体へ向かう食品生産共同体のもとでの、食の安全と安心の政策課題について解明したい。

一　グローバル食料危機の時代

二〇〇八年国連食料サミット宣言

国連「世界食料安全保障に関するハイレベル会合」（食料サミット、ローマ、二〇〇八年六月三―六日）は、「八億五四〇〇万人の栄養不足は容認できない。今後数年間は食料価格が高止まる。その悪影響を回避するため、バイオ燃料と気候変動が食料価格高騰に与える影響に対し、国際社会は早急に協調的行動をとり、途上国での農業生産を拡大し、食料安全保障を恒久的な国家政策として位置づける」(宣言)という行動計画を決定した。

政策を具体化する緊急・短期的措置として、①途上国の支援要請に応えた財政支援(緊急食料支援)、②小規模生産者の生産増大、種子・肥料・飼料供与と技術協力、③人道支援をべつにして、食料の輸出規制・制限措置を最小にする、とした。また中・長期的措置として、①途上国国民の生計支援、農業投資拡大の「人間中心の政策的枠組み」を導入し、②気候変動の影響への耐性を高め、生態系保全農業を確立する、③食料・農業の科学技術分野投資を加速させる、④貿易障壁を削減し、農業部門の貿易自由化をすすめる、⑤食料安全保障・エネルギー・持続可能な開発の観点から、バイオ燃料の徹底した研究と国際対話を促進する、とした。結論では、地球資源の持続的利用、食料安全保障の多角的監視・分析を宣言した。

食料サミットでの日本の福田首相演説は、食料増産を支援し、食料を援助し、政府保有の輸入米三〇万トン放出する、輸出国における極端な輸出規制を制限し、農業生産を強化し、食料自給率を向上させる、食料を原料としないバイオ燃料の研究と実用化を急ぐ、とした。同宣言は主要国首脳会議(洞爺湖サミット、二〇〇八年七月七日)における食料危機対策へと引き継がれる。

貧困層を直撃する食料高騰

FAO(国連食糧農業機関)報告「食料価格——危機から安定へ」(二〇一一年)は、二〇〇五—〇八年から世界の主要食料価格は、過去三〇年で最高となり「安い食料の時代は終わった」と宣言し

図表5　世界の食料価格の乱高下（実質価格ベース）

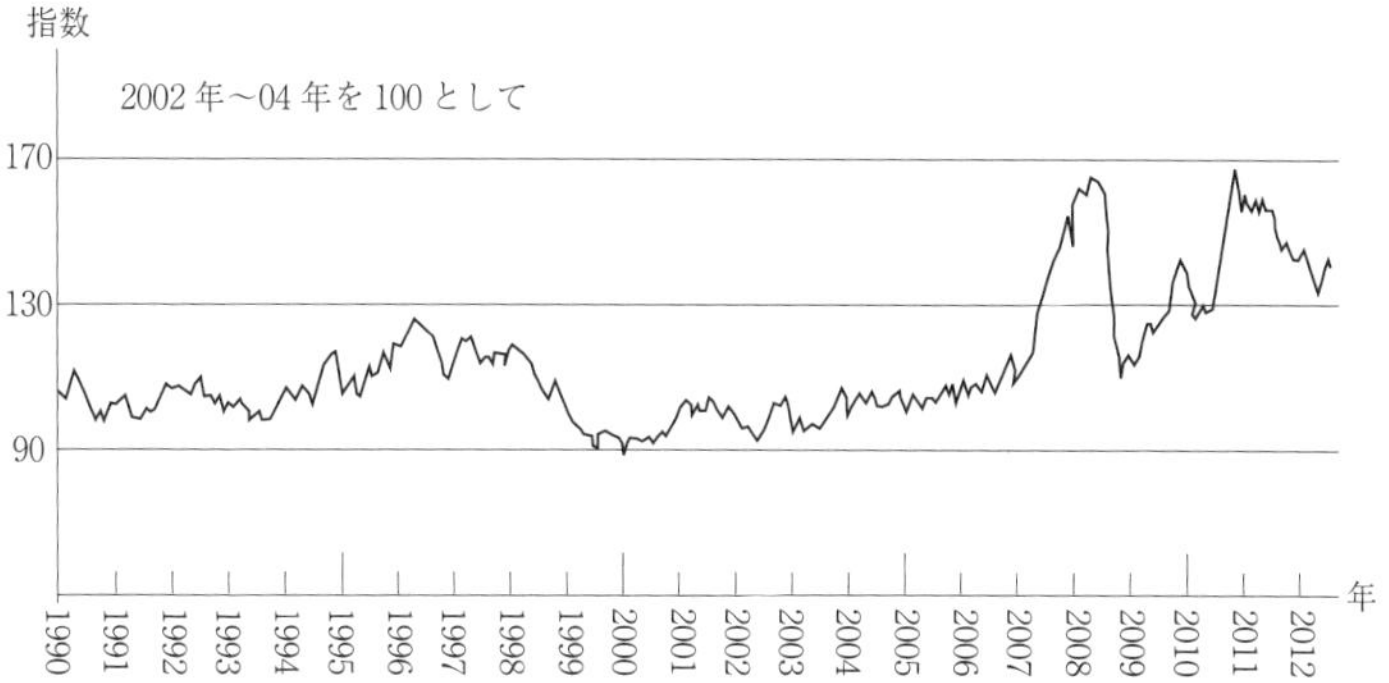

資料）FAO「食料価格指数1990―2012」より。

た。二〇一〇―一一年から再び高騰し、「食料価格のローラー・コースター」という「世界食料の価格不安定」が基調となる（図表5）。「価格乱高下」は、途上国のフード・セキュリティーの脅威となる。食料コスト上昇は、七〇〇〇万人の人々を極端な貧困へ追い込んでいる（世界銀行）。

食料不安にさらされる脆弱な地域や人々をいかに減らすのか。「低所得食料不足国」の食料輸入支出は、二〇％増加した。食料価格の乱高下は、脆弱な生活者を直撃し、農民から農産物の安定市場を奪い、将来予測を狂わせ農業投資を躊躇させる。

その原因は、第一に、農業投資の必要性低下という楽観的見通しのもと、先進国であるOECD（経済協力開発機構）加盟国の農業充当の政府開発援助は、四三％も減少した。世界的な農業投資の不足であり、政府の失敗である。第二に、新興経済国の急速な経済成長によって、人々はより多くの食料と畜産物を摂取し、家畜飼料穀物の需要が急増、大豆粕は六七％も急成長した。第三に、人口増加。年々八〇〇〇万人増加する世界の人口の胃袋を養わなければばならない。人口圧力は、地球温暖化と気候変動によって、地球規模の気まぐれな、激しい気象現象と複合し、自然が反逆した。第四に、商品先物市場の制度変化に伴い、新規参入の投資家が巨大な資金を投入し、価格の乱高下を生む。流動性の攪乱である。

このように現段階の食料危機は、地球規模のグローバルな性格をもち、最貧困・貧困層の困窮度が大きい。二〇〇六年からの二年間で小麦の国際相場は三倍へ高騰した。〇六年九月オーストラリアの旱魃不作、〇七年七月ウクライナ小麦輸出規制が引き金になる。穀物国際価格は、〇八年四月で小麦は前年同期に比べ二・二倍、トウモロコシ一・六倍、大豆一・七倍へ上昇した（アメリカ農務省）。アグフレーションによる「食料価格一％上昇は貧困層カロリー摂取量の〇・五％低下をもたらす」（世界銀行）。飢餓人口は、現在の八億人から二五年に一二億人へ増加するという予測もある（ミネソタ大学）。

実際、貧困途上国・貧困層へのインパクトは大きい。FAOによれば、途上国の米価は、フィリピンの二ヵ月前から四三％、スリランカの一年前から二倍、バングラデシュの一年前から六六％へ高騰した。標準的なタイ米価格は、二〇〇四年一トン当たり三〇〇ドルから〇八年四月五五〇ドルへ、一年前から平均六八％上昇した。さらにアフリカでは「津波級の緊急事態」で、コートジボアール（米二倍）、セネガル（小麦二倍）、ナイジェリア（飼料用ソルガム二倍）、ソマリア北部（小麦三倍）、スーダン（小麦九〇％高）、ウガンダ・エチオピア・モザンビークへ及んでいる。

小麦の価格上昇は、パン・パスタ・トルティーヤの価格を押し上げ、飼料穀物の価格上昇は、肉・牛乳・卵の食品を値上げさせる。メキシコのトルティーヤは、六〇％の上昇、パキスタン小麦は二倍の上昇、インドネシアのテンペ（発酵食品）の原料大豆の高騰といったグローバル連鎖を生む。中米ハイチやエジプト、モーリタニア、モザンビーク、コートジボアール、南アフリカ共和国では、貧困層を直撃し、食料暴動が起きている。

世界多極構造が食料を高騰させるか？

日本農業の経験からみた食料危機の歴史を振り返ると、米騒動（一九一八年）、食糧メーデー（一九四六年）、七〇年代食料危機（一九七三年）がある。こうした歴史段階とは異なり、現在の事態はグローバル化の段階のもとでの、周期的かつ構造的な食料危機である。過去は不作が主因であった。今回は地球温暖化による異常気象・不作に加えて、需要が供給を構造的に上回る「穀物在庫率の極端な低下」が原因である。そして在庫率低下は、グローバルな諸要因によって引き起こされた。いわばグローバル食料危機である。

マルサス『人口論』は、人口は幾何級数的に増加するが、食糧は算術級数的にしか増産できず、人口と食糧の発展テンポのギャップが生じる時、人口過剰と食糧危機が発生するとした。一方、現段階の人口と食糧の発展テンポのずれは、世界経済のドラスティックな構造変動によって生じた。先進国のアメリカ・ＥＵ（欧州共同体）・日本という三極中心（人口八億人）の国際秩序が崩壊し、中国・インドなど一〇億（ビリオン）級の「人口超大国」（人口二五億人）を含む新興経済国の急速な経済成長により、「世界多極構造」へとパラダイム・シフトした。この転換期＝過度期は、一〇―一五年期間と予測される。世界多極構造は、すでにＷＴＯ（世界貿易機関）のドーハ・開発ラウンドの農業交渉におけるG20などの途上国グループの登場によって示されていた。

こうした世界経済のパラダイム・シフトが引き起こしグローバル食料危機の諸要因は以下である。第一に、中国・インドのビリオン級の人口超大国・途上国の経済成長と食料需要の増大は、グローバル経済に需要ショックを引き起こした。第二に、地球温暖化対策として打ち出された、食糧（トウモロコシ・サトウキビ・やし油）のバイオ燃料への転換は、市場間の争奪を生み出した。第三に、途上国の食料ナショナリズムが高揚し、食料輸出規制を導き、成長途上国と最貧困・貧困層との間の「南南格差」、国家間の争奪を生み出した。第四に、環境制約による供給制限、農工間の水・土地資源の争奪に加えて、石油高騰による農業資材・輸送コストが上昇、食料価格高騰を加速させた。第五に、米国サブプライム・ローン問題から発生した投機資金が穀物先物市場へ流入し、極端な高騰をもたらした。以下、食料危機の諸要因をさらに深めたい。

二　グローバル食料危機の要因

中国、インドなど持続的成長と食料需要の増大

農水省『海外食料需給レポート２００８』は、世界穀物の期末在庫率（収穫期末の穀物在庫量の消費量に対する比率）は、バイオ燃料向け仕向けが在庫を圧迫し、食料危機の一九七〇年代前半の一五・五％を下回り、二〇〇六―〇七年一六・五％から二〇〇七―〇八年一四・七％へ低落する危険水

域に入るとした。品目別では、小麦在庫とトウモロコシ在庫の三年連続減少、大豆在庫も米国内でバイオ燃料向けトウモロコシへ作付け転換し減少、米在庫も二年連続減少とした。

穀物在庫率の低落は、需要と供給の両面から起こされた食料市場の需給逼迫による。一方で、中国、インドなどの一〇億級人口超大国が、持続的な高成長過程に入り、新たな資源需要が喚起され、その累積的効果が需給逼迫となって、市場に顕在化した。これは中国が先進国へ向かうまでの過度期の現象ではあるが、中国・インド人口二五億の影響は大きく、過度期も一〇―一五年ではすまない。旺盛な消費拡大に供給が追いつけず、需要ショック、需要主導の逼迫である。しかも現段階は、資源の枯渇と地球温暖化の二つの危機にあり、食料価格が高騰しても農業開発フロンティアは制約される。食料資源の世界大の逼迫である。

他方で、ＦＡＯ社会開発局アバシアン分析官は、「国際穀物相場高騰の要因は、穀物在庫率が歴史的な低水準に陥ったことである。トウモロコシ・小麦・大豆などの作物が作付けを競い合う、供給側主導で需給が逼迫した。小麦価格の上昇要因の五〇％、トウモロコシ上昇の三〇％は、低在庫にある。ＦＡＯとＯＥＣＤの農業予測は、食料価格高は今後一〇年間続き、長期化する」とした。

米の在庫率も、二〇〇〇年三八％から〇八年一八％へ低下した。第一位の米輸出国タイも、輸出供給力が先細りし、九〇〇万トン米輸出が可能か否か、の状況である。あらゆる手段によって、農業生産を強化し、食料自給率を向上させ、食料の世界大の逼迫に備えねばならない。

食料の燃料への転換

国連食料サミットの第一の対立点は、バイオメジャーによる食料のバイオ燃料への転換である。アメリカ・ブラジルは、世界のバイオ燃料の七三％を生産するバイオ大国であるが、両国はバイオ燃料の食料高騰への影響は軽微で、原因の一つにすぎないとする。しかし、日本・EU（欧州連合）・途上国などの食料輸入国は慎重や反対の立場で、市場の需給を逼迫させ食料供給を減少させた、とし、農地はバイオ燃料に使用すべきでないと主張した。食糧とバイオ燃料の競合という「市場間の争奪」である。

バイオ燃料は、生物資源を原料とし、エタノール・ディーゼルなどへ転換する再生可能エネルギーである。大気中の二酸化炭素（CO_2）を吸収し、生長時の炭素の吸収と利用により、吸収と放出が均衡するという「カーボンニュートラル」な特性をもつ。さらにガソリンの代替性、汚染防止の機能をもち、循環型社会へ貢献する側面もある。食料以外の廃棄物・未利用生物資源からの転換であれば推進がはかられてよいだろう。

しかし現段階では、もっぱら食料農産物のバイオ燃料転換が進展した。アメリカのトウモロコシ、ブラジルのサトウキビ、中国のトウモロコシ・小麦、タイのキャッサバ・糖蜜などを原料とした、バイオエタノール転換（世界計二〇〇六年、五一三二万キロリットル）、いわゆる「E転換」が進み、またEU、マレーシア、インドネシアでは菜種油やパーム油を原料としたバイオディーゼル転換（B転換）が進展した。しかも米国ブッシュ政権の二〇〇五年エネルギー政策法のもとで、カーギル社やアーチャー・ダニエルズ・ミッドランド社などの穀物メジャーが参入した。

その結果、農産物を原料とするため、生産国でのエネルギー・食糧間の競合が生まれ、輸出食糧の高騰により輸入に依存する途上国の食料安全保障に、人道的・倫理的な影響を与えかねない事態となる。バイオエタノール原料による農地の油田化のため、アメリカのトウモロコシ生産は、二〇〇六年五四〇〇万トンから〇七年八一〇〇万トンへ、一年間で二七〇〇万トンの急増産がなされ、〇八年バイオ燃料工場完成で一億一四〇〇万トンへ穀物需要が拡張し、市場間の食料争奪がなされる。これは一九九〇―二〇〇五年の世界の食料需要の増大、年間二一〇〇万トンと比較し、無視できない（アースポリシー研究所長レスター・ブラウン）。

これに対して、食料のバイオ燃料転換を規制するEUおよびアジア各国の動きもある。EUは、バイオ燃料の生産・消費双方の価格安定化の国際ルール、公正取引・公平性の確保、エネルギー作物からの森林保護の多国間協定、原料農産物への先進国の技術支援、市場間の争奪に対する国際的な監視網の構築などの五点について提案している。また中国は二〇〇六年、畜産飼料用トウモロコシを原料とするバイオエタノール生産を規制し、「人と糧を争わない」「糧と地を争わない」の原則のもとに、生産量と作付面積の二重の規制措置へ踏み切り、生態環境の破壊を阻止する方針となった。マレーシア、インドネシアもパーム油を原料とするバイオディーゼル転換で、同様な政府規制を採択し、非食料の生物資源であるジャトロファ（南洋油桐。有毒で食用にならない）の作付け振興を国家プロジェクトにした。

日本の「二〇〇六年バイオマス・ニッポン総合戦略」は、二〇一〇年五〇万キロリットル、三〇年六〇〇万キロリットルを目標、E３（バイオエタノール三％混入ガソリン）実証試験を開始したが、食料と競合しないバイオ燃料の開発を進め、稲藁・籾殻などのソフトセルロース系を原料とする第二世代日本型バイオ燃料の研究開発を提案している。なお出光・三菱商事・本田技研などは、非食料バイオ燃料の海外量産プラント（一〇〇億円・二五―五〇キロリットル）の二〇一一年建設を計画した。

食料輸出国による輸出規制

国連食料サミットの第二の対立点は、食料輸出国の輸出規制である。輸出国と輸入国で、見解が分かれた。①食料輸出規制に対して、食料生産・輸出国（ロシア、中国、インド、アルゼンチン）は擁護し、国内供給を優先し、食料安全保障上必要だとする。②これに対して食料消費・自給国・地域（日本、EU）は反対し、食料高騰の加速を懸念した。③さらに新興経済国・成長途上国の食料資源ナショナリズムが登場し、これらの多様な立場が併存する「国家間食料争奪」が顕著となった。

第一に、ロシア、アルゼンチン、ウクライナなどは小麦の輸出規制を実施した。二〇〇七年七月ウクライナは、穀物の輸出割当制度を導入し、小麦・大麦・トウモロコシ・ライ麦に各三〇〇〇トンの上限を設定した。小麦六〇〇万トンを輸出する国の事実上の輸出規制である。シカゴ商品取引所の小麦相場は、一ブッシェル（小麦で約二七キロ）あたり六ドルから九ドルへ高騰した。国家の食料安全保障を根拠に輸出規制を継続し、〇八年二月ようやく一二〇万トンの輸出割当となる。

第二に、インド・ベトナム、さらにエジプト・カンボジア・インドネシアなどが米の輸出規制を実施した。世界の米貿易は、世界合計三〇〇〇万トン、主要な米輸出国は、第一位タイ一〇〇〇万トン、第二位インド五〇〇万トン、第三位ベトナム四五〇万トンである（二〇〇七年）。第二位輸出国インドは、二〇〇八年二月国内供給のため禁輸、第三位輸出国ベトナムの米は、食料安全保障のため禁輸、米の新規輸出契約を停止した。世界第三位の米生産・消費国のインドネシアも、国家備蓄三〇〇万トンに達するまで、二〇〇八年産米の輸出を事実上禁止した。WTO（世界貿易機関）のG20代表ブラジルも国内供給を優先し米を禁輸とした。年九〇〇〇万人の人口が増加する中国は、物価上昇、食料価格高騰を防止し、国内供給を優先するため、二〇〇七年七月、小麦・大豆の輸出税還付を廃止、穀物の輸出税賦課、香港向け輸出の登録制などの輸出制限措置をとり、その長期化が予想される。食料輸出規制国は、一二ヵ国となる。

世界米市場における米価高騰は米の需給バランスの崩れによる。しかし具体的には、インド、ベトナムなどの米輸出国における米の輸出規制が引き金となり、さらに世界米市場の価格形成に大きな影響を与えるタイの米市場における輸出業者・精米業者・仲買人らの多数の小規模「投機」・売り惜しみによる米価つり上げによって加速したもので、多国籍アグリビジネスの介在とは異なっていた。

WTOにおいて、日本・スイスなどの食料輸入国グループ（G10）は、食料輸出規制への規律強化を提案し、輸入国との事前協議・第三者機関の事前審査による輸出規制を制限する農業モダリティー（基準）の採択を主張した。

地球温暖化と食料価格

地球温暖化による気候変動は、世界食料需給へはかり知れない影響をあたえる。食料生産へプラスに働く地域もあるが、局地的な洪水はじめ異常気象、水不足などが生産を不安定にする。とくに農業技術の未成熟な途上国では温暖化への対応が遅れる危険がある。東アジア・東南アジアの穀物生産は、二一世紀半ばまでに二〇％増、中央アジア・南アジアは最大三〇％減の可能性があるという。二〇二五年には穀物国際価格は、米二三％、小麦七九％の上昇という予測も指摘される。途上国が自らの経済力によって、食料安全保障を確保できる地域開発が求められている。こうした観点からは、自由貿易と経済協力を組み合わせた経済連携協定、東アジア共同体の共通農業政策を構築する国際協調主義の道をすすみ、地域共同体による食料安全保障の確保が不可欠の課題となる。

三　アジア地域協力の課題

緊急食料支援の世界食糧計画

国連世界食糧計画は二〇〇八年、世界七八ヵ国七三〇〇万人を支援するため四〇〇万トンの食糧を調達すべく、二九億ドルを計上した。食料価格高騰でこれが三四億ドルへふくらみ、五―七・五億ドルの追加的な財政支援を求めている。中米エルサルバドルは、小麦価格高騰で学校給食が危うくなる。

日本政府は、国内のミニマム・アクセス米（最低輸入機会米）を三〇万トン以上放出し、貧困層の米不足に悩むフィリピンに二〇万トン、アフリカ諸国やスリランカなどへの緊急食料援助を実施する。この結果米高騰は沈静にむかう。また第四回アフリカ開発会議（二〇〇八年五月）横浜行動計画で、日本政府・ＪＩＣＡは、アフリカ諸国の農業・食料支援へ二六〇億円の無償資金と技術協力、四〇億ドルの円借款を行うとした。短期的なアフリカ緊急食料支援（一億ドル）に加えて、中長期的に灌漑設備や農業技術の導入、アフリカ緑の革命・品種改良米であるネリカ米（New rice for Africa、アジアイネとアフリカイネの種間雑種）の普及、水管理技術・農協活動の普及・研修などをはじめとする農業支援を強化していくとする。またアフリカ稲作振興共同体を結成し、アフリカの米倍増計画などの増産を確実にする計画を立ち上げている。

東アジア緊急米備蓄機構の役割

農業の生産力を強化し、日ごろから食料備蓄につとめる地域ネットワークの構築が不可欠である。世界穀物の期末在庫率が、二〇〇七—〇八年一四・七％へ低落する期末在庫危険水域の時代だからこそ食料備蓄の意味が重い。ＦＡＯ（国連食糧農業機関）は一九七〇年代に世界の穀物の適正在庫率は、一七—一八％（二ヵ月分の消費量）とした。今日では情報の透明性が増し、輸送技術や在庫管理が整備されたので、適正在庫率は低下し、一〇％の回転在庫があればよいという、商社などの極端な見解もある。しかし世界穀物の期末在庫率の低下、需給逼迫は、確実に相場上昇を招きやすい。日本のミニマム・アクセス米援助により、米価高騰が沈静化した現実を忘れられない。

東アジア緊急米備蓄機構は、第1章、第2章でみたように、ＡＳＥＡＮがイニシアティブをとり、二〇〇一年ＡＳＥＡＮ＋３（日中韓）農林大臣会合で合意され、災害や域内の米不足へ対応し米を融通しあうシステムである。地域共同の米備蓄を、当初の五万トンから一七五万トンへ拡大する。この東アジア緊急米備蓄機構の経験は、世界の食料事情にとっても大きな貢献である。

食料自給の強化

世界銀行は、「食料ニューディール政策」を提起し、途上国での食料増産を支援するため、農業や公共インフラに集中的に投資する構想を示した。東アジア共同体におけるアジア共通農業政策を樹立する意義も同様である。しかし世界銀行は、自由貿易促進の立場から、自由貿易が農産物の乱高下を生み出している根本に触れない。

アメリカ二〇〇八年農業法は、「価格変動対応型支払い（不足払い）」を継続し、価格下落の補填水準・目標価格を過去二年間の平均価格とし、支持額を大幅に引き上げた。直接固定支払い、ローンレートも継続、歳出二九〇〇億ドルを計上した。WTO農業交渉の補助金削減と逆行する。バイオ燃料への穀物メジャー参入も政府補助金に支えられる。形式上は自由貿易を主張するが、事実上は政府保護の実態である。他方、二〇〇八年EU（欧州連合）委員会は共通農業政策を見直し、穀物の一〇%休耕・減反政策を廃止、牛乳生産枠撤廃などの規制を緩和し増産を促し、世界食料需要の拡大に対応した。直接支払いも縮小し、環境保全と地域開発予算を拡大する。

アジア各国も米増産にシフトした。最大の米輸入国フィリピンは、農民の収穫増のために二〇〇八年二〇〇億ペソ（五一〇億円）の金融支援政策、灌漑などのインフラ整備費（一二〇億ペソ）を決定した。米生産一一五〇万トン（五・五%増）を予想する。米輸入国バングラデシュは、農民の高収量品種の導入や耕作面積の拡大のための農業振興特別基金二億二〇〇〇万タカ（一九億円）を設置した。米生産二九三〇万トン（六・二%増）を予想する。マレーシアは、ボルネオ島サラワク州を米増産重点地域とし四〇億リンギ（一三〇〇億円）を投下する。最大の米輸出国タイは、政府が農民に低利子融資を実施し休耕田一万四〇〇〇平方キロ（一二％）を再活用する。単位面積当たり収量の二〇％増収、三〇〇億バーツ（一兆円）で灌漑施設を整備する。アジア共通農業政策は、こうした小規模農家への種子・肥料・インフラ・金融支援による「食料自給力」と食料安全保障の強化が柱となる。

日本は食料輸入国の立場から食料自給率の大幅向上へ取り組む。米消費拡大のための米粉の利用、飼料自給率向上のための飼料米の生産（山形県遊佐町・平田牧場のこめ育ち豚）・エコフィード増産、油脂類を抑える業務用フライヤー（電磁場発生システムＩＨ）の普及、加工・業務用野菜のモデル産地形成、食育推進などの総合的戦略が急務である。この経験は、輸入依存を深めているアジア諸国の共通のヒントとなろう。

食料安定供給と食品安全

食の安心は、人々の生存と健康を守る食料への信頼感の熟成、つまり国家と地域の食料安全保障（フード・セキュリティー）によって担保される。そのために、飢餓など人々の生存を脅かす食料危機を防止するため、食料備蓄や食料自給力などの食料安定供給は最大の担保である。同時に、狂牛病（ＢＳＥ）・遺伝子組換え食品・残留農薬・鳥インフルエンザ・毒物混入・食品偽装など、人々の健康を脅かす食品安全性（フード・セイフティー）を担保する食品品質の確保も「食の安心」に不可欠である。

公共政策としての食品安全政策は、情報の不完全がもたらす「市場の失敗」を補正する。より広く健康・安全・環境規制の枠組みをもつ。その国際協調は、世界貿易機関協定の一部である「衛生及び植物検疫に関する協定」をガイドラインとする。同協定の国際整合化は、食品安全の国際的基準を、食糧農業機関と世界保健機構の共同の「国際食品規格委員会コーデックス」に求め、各国の国内規格との調和をめざした。同措置は、リスク・アセスメント（評価）、リスク・マネージメント（管理）、リスク・コミュニケーション（周知）の三ステップの制度化である。

二〇〇三年に成立した食品安全基本法と内閣府食品安全委員会は、この視点から制度化された。さらに食品企業の社会的責任の観点から、食品企業の努力推進を目的に、日本農林規格法、有機日本農林規格JASをはじめ、国際規格認証機構ISO9000（品質）、ISO22000（食品安全）、危害分析重要管理点方式（HACCP）、適正製造規範（GMP）、農産物生産における適正農業規範（GAP）、BSE牛個体識別などの「生産遡及性」（トレーサビリティー）、農産物情報公開システムなどの食品安全規格・認証制度が導入された。また企業の社会的責任は利益と安全の調和、低価格・低労賃と食品安全・労働環境の調和、法令遵守（コンプライアンス）と監視・告発、組織和と社会公益、人間教育と倫理観の重視という文化的・倫理的な規範確立の公共政策における問題群を包括する。

「みどりのアジア経済連携協定戦略」は、東アジア共同体構築にあたり、アジア共通農業政策の基礎となる自由貿易協定の重要（センシティブ）品目設定と、食料・農業・農村の分野での日本とアジア諸国との経済協力の促進との協働（Synergy）の重要性を示している。二〇〇七年日本とタイの経済連携協定は、農業協力と貿易自由化のバランスをとり、貧困農村の一村一品運動、地域内発型アグリビジネス投資への支援、農協間協力（バドリウ農協経営改善の専門家派遣）、食品安全性の経済協力（科学的知見の提供）を推進するとした。とくに食品の安全性を含む食の安心をも担保する食料安全保障は、アジア共通政策の喫緊の課題である。中国の有機食品・緑色食品や韓国の有機農産物、無農薬農産物、低農薬農産物などの食品安全規格・認証制度の導入がすすむ。

各国での取り組み

ASEANの中では相対的に先進的なタイの食品安全政策は、一九七九年食品法を基本とし、食品の製造・輸入許可、製造基準、遺伝子組換え食品の表示義務、安全監視プログラム、有機野菜認証制度、食品安全基準の国際的整合化を進展させた。農産物認証制度は、食品安全Qマーク、残留農薬防止の安全プロジェクト、王室模範事業（減農薬「ドイカム」ブランドなどのロイヤルプロジェクト）などがある。野菜などの輸出検査は、ワンストップサービスのラボラトリーセンターが検査・分析・認証を実施する。輸出野菜の残留農薬はコーデックス委員会の基準で、農薬削減の適正農業規範が普及する。食品安全性の経済協力を推進する最も適切なパートナー国である。

たとえば、日本への野菜輸出企業である日タイ合弁企業のタニヤマ・サイアム社はナコンパトム県など三県に農民一八〇〇人、農地五五四ヘクタールのアスパラガス契約生産を組織し、安全で高品質な生産、選別・缶詰加工・包装、製品化、海外輸出、農民へ資材供給を担い、相互に情報を共有し、効率的な価値連鎖によって、日本向け輸出の太宗を担う。契約生産は、農民に確実な販売市場、安定所得と利潤、サービス・技術をもたらし、アグリビジネス企業に低コストで高品質アスパラガス供給を保証する。

しかし契約生産は、土壌と水に代表される自然資源への環境インパクトをも与える。近接地における農薬や肥料の残留汚染、周辺サトウキビ生産地の用水・土壌の塩基集積、減収などである。連作障害をリカバリーする、客土・堆肥・厩肥・緑肥投入などの土壌復元努力が不可欠である。食の安心は、こうしたアジア各国における持続可能な農業、環境保全・修復型農業と密接にリンクする。健康・安全・環境規制を一体化した公共政策、そのための協力枠組が求められる。

またタイの水産物輸出は、新農産品産業型の開発政策のもと、食品産業集積がすすみ、協働を追求するアグリビジネスの「戦略資産指向」によって国際水産加工拠点が形成され、開発輸入型の投資により「日本逆輸入」が開始された。やがて一九九六年以降、投資目的は変化し、アメリカ・EU・東アジアの市場拡大に注目した投資へ転換した。二〇〇一年中国のWTO（世界貿易機関）への加盟、東アジアの自由貿易協定の進展のもとで、食品産業集積の拠点がタイから中国へ移り、地域市場指向型の投資・貿易構造を定着させた。

近年、東アジアの水産物貿易では、アメリカ・EUやアジア・中国など富裕層の需要増大によって、「低価格・高規格」要求の硬直性をもつ日本市場の比重が低下し、「買い負け」などの食料争奪が激化した。世界各地から原料魚が供給され、製品がアメリカ・EUへ輸出されるグローバルな中核市場とローカルな周辺市場が重層化する。東アジアにおける特定地域（タイのマハチャイ・ハジャイなど）の「食品産業統合体クラスター」（食料製造拠点＝産業集積特区）と世界各国との新しい水平分業関係が構築されている。食品生産共同体の形成である。タイの先進国向け輸出水産食品は、国際規格認証機構（品質・食品安全）や、食品安全の「危害分析重要管理点方式」などの認証を獲得し、食料安全の基準を達成している。食品安全性の経済協力を推進するASEAN＋3のパートナーとして力を蓄えてきている。

東アジア共通農業政策の基本的枠組み

東アジア共通農業政策の論議が進展している。日中韓の「北東アジア共通農業政策」の基本的枠組みについて、各国農業の「競争と協調」「発展段階のタイムラグ」を考慮した長期的視点から、①農産物貿易ルール（共通関税・基金・直接支払い）、②食料安全保障（双方向食料供給・食料備蓄）、③食の安全対策（食品安全の相互監視）、④農業競争力強化（経営所得安定対策）、⑤環境・地域資源保全（条件不利地域対策）、⑥政策協調などが指摘される。

前著『農が拓く東アジア共同体』は、世界貿易機関の農業交渉における重要品目ルール化の活用、東アジアの食料安全保障・食品安全性協力、環境・農業開発協力、食品生産共同体と日本の知的資産の貢献、多様な農業発展の競争と共存、市場開放と連動した経営・環境支払い、草の根の農村起業、フードビジネス、知的財産権、農業輸出戦略の本格化、多面的機能を発揮する「新しい農業」、バイオエネルギー、環境・保健機能、グリーンツーリズム、中山間資源、森の国の再生に注目し、アジア共通市場の利益を再分配する地域経済連携など、東アジア共通農業政策を提案した。

まさに東アジア共通農業政策の基本的枠組みに関する共通認識が構築され、その具体的な提案が、現実の歩みとなりつつある。二〇〇八年食料危機はあらためて、「食の安心」は、人々の食料への信頼の構築であることを認識させた。先進国と途上国、新興経済国と最貧国、富裕層と貧困層、飽食と飢餓の両領域の相互間における共益の理解、協働・共存のシステムをいかに構築していくのか。食の安心と食料信頼は、東アジア共同体がめざす食料安全保障、ひいては人間の安全保障への道である。

食料争奪・私益優先から脱却し、飢餓と食料不安を解決する食料備蓄・食料自給力強化の経済協力、食料安全協力をすすめる国際公共政策としての「食の安心」の強力なリーダーシップ、特にＡＳＥＡＮイニシアティブの発揮と、日本・中国・韓国三ヵ国間協力との双方が、東アジア共同体の構築に求められている。

第6章　世界貿易機関と地域経済連携

これまで、東アジアの食料安全保障の地域協力のささやかな努力や、その必要性が強まった「食料危機」以降の世界の食料需給の逼迫をトレースしてきた。本章は、より大きな枠組みの中で世界の食料貿易を律している制度であるＷＴＯ（世界貿易機関）における農業交渉の展開、および地域経済統合・貿易連携の進展について検証したい。

一　世界貿易機関と農業問題

スイス、ジュネーブの小高い丘の上にある国際連合の欧州本部から、平和通りを下ってくると、仏語でオーエムセーと呼ばれるＷＴＯ（世界貿易機関）の本部がある。ローザンヌ通りに面し、レマン湖のほとり、対岸はフランス領である。ここに世界各国の代表団があつまり、国際交渉を行う。その結果は、東アジア各国における農業政策の帰趨をも左右する。

前章でみたように、世界食料危機のもとで、WTOなど国際機関は、途上国の食料増産支援や食料安全保障の恒久的政策化、国際食料備蓄などを提案した。世界金融危機のもとで食料価格は下落、しかし需給は逼迫し再び高騰、中東などの食料危機を生み、米価も依然高い。日本は、食の安心、貧困・飢餓削減、食料アクセス改善へ向け、いかに東アジアの地域協力をすすめるか。「アグロ・グローバリズム」のTPP（環太平洋経済連携協定）か、農業共存のアジア地域経済連携戦略かの選択が問われている。

「農業はWTOや地域経済連携を阻害する要因である」との見解があるが、はたしてそうなのか。農業は、生命を育む産業であり、ふるさとの山河と融合し、国土環境や大気・水・森、美しい景観を守り、人々の魂をいやす多面的機能をもつ。市場経済も万能ではない。各国とも農業政策を重視する。

WTOは、ドーハ・ラウンド開始前夜には、一九九九年シアトルでの抗議運動などが報じられたように、アメリカ中心の自由貿易の拠点として批判されてきた。しかしEU（欧州連合）をはじめ、中国や途上国パワーの増大、世界の多極化の中で、その内実が変化を遂げてきた。特に「世界貿易機関のドーハ・ラウンド農業交渉」では、日本は世界の多様な農業が共存し、政策相互の矛盾や摩擦を調整する場として位置づけ、それが期待されるようになる。世界の農業が共存するWTOの交渉妥結が望ましく、特に米などの「重要品目（センシティブ品目）ルール」の確立は不可欠である。交渉の「モダリティー」（農業保護削減ルール）をめぐって、アメリカ・オーストラリアなど一部の食料輸出国は、高い関税削減率、上限関税の設定、重要品目数の制限、低関税輸入枠の拡大とした。EUは共通農業政策による低い削減率を主張した。有力途上国は、途上国向けの特別品目、特別セーフガード

（緊急輸入制限）、先進国の農業保護削減を主張した。日本・韓国・スイスなどの食料純輸入国は、より低い削減率、上限関税なし、重要品目数の拡大、低関税輸入枠の縮小、輸出禁止や制限措置への規律を提案した。ＷＴＯの農業交渉の原点に立ち戻って日本の立ち位置を確認したい。

二　ドーハ・ラウンド農業交渉の地平

ＷＴＯ（世界貿易機関）は、ガット・ウルグアイ・ラウンドの農業合意をうけ、一九九五年に発足した。ウルグアイ・ラウンド農業合意は、包括的な関税化、ミニマム・アクセス（最低輸入機会）、輸出補助金・国内保護の削減を決定した。ＷＴＯは、立法権、司法権をもつ国際機関であり、閣僚会議・一般理事会を頂点とし、法的拘束力をもつ。加盟国（一五〇ヵ国）の四分の三は途上国であり、国連安全保障理事会常任理事国である中国の二〇〇二年ＷＴＯ加盟は、途上国・新興国の発言権を強めた。

二〇〇一年カタール・ドーハのＷＴＯ閣僚会議は、ドーハ・開発ラウンドを立ち上げた。アメリカ・オーストラリアなどの農産物輸出国、食料自給のＥＵに対し、日本・韓国・スイス・ノルウェー・モーリシャスなどの食料純輸入国グループ（Ｇ10）は、食料の安全保障、農業の多面的機能（国土環境保全の役割）の発揮、多様な農業の共存を主張する。農産物関税に上限を設けるのではなく、各国のセンシティブな重要品目のルール化を主張した。ブラジル・インドなどの有力途上国グループ（Ｇ

20）は、先進国の国内保護・輸出補助金の撤廃を主張する。

交渉の大枠である「農業保護削減ルール」の決定をめぐって、日本政府は「世界貿易機関の農業交渉の日本提案――多様な農業の共存をめざして」を発表、農業の多面的機能、食料安全保障、輸出国と輸入国ルール不均衡の是正、開発途上国への視点、消費者・市民社会への配慮の五点を提案した。

二〇〇二年の「農業保護削減ルール」交渉における関税削減では、日本・EUはウルグアイ・ラウンド方式の漸次削減、米・豪はスイス方式による大幅削減、途上国は先進国の削減を提案した。輸出補助金と国内保護の削減では、日本・EUの漸次削減、米・豪の一律削減、途上国の先進国保護の撤廃が拮抗した。

途上国パワーが噴出したのは、二〇〇三年メキシコ・カンクン閣僚会議である。アメリカとEUの妥協では解決せずに、ブラジル・インドなどの有力途上国グループ（G20）は、先進国の農業保護削減を主張し、一歩も譲らなかった。農業モダリティー（農業保護削減ルール）合意は断念され、途上国の開発視点が、世界貿易機関を大きく揺さぶる交渉構造が始まった。

新興国・途上国がキープレーヤーに

カンクン閣僚会議の決裂ののち、アメリカ、ブラジル、インド、オーストラリア、EUの四ヵ国・一地域は、主要交渉国グループ（G5）を形成し、交渉が進展した。二〇〇四年WTOの一般理事会は、大島賢三議長（元日本国連大使）によるテキストの一部を修正し、「農業保護削減ルール確立のための枠組み」に合意した。関税削減は、階層方式を採用する。関税率で階層区分し、階層ごとに削減する。重要品目（センシティブ品目）に柔軟性を与え、その品目数は今後交渉する。低関税輸入枠を設定する。国内支持は、一時的に許される「青の政策」に「現行の生産に関係しない直接支払い」を加えた。アメリカの二〇〇二年価格変動型直接支払いを含むが、支持総額は農業総生産額の五％を超えない。ＥＵの輸出補助金、アメリカの輸出信用・輸出保証、オーストラリア・カナダの国家貿易企業を、それぞれ撤廃する。途上国への配慮としては、特別品目に柔軟性を与え、特別セーフガードを認める。

二〇〇五年一二月の香港閣僚会議は、主要国グループへ日本が参加した（Ｇ６）。関税削減は四階層に区分する。重要品目ルールを検討し、上限関税や途上国の特別品目や特別セーフガードは今後定める。国内支持は、保護水準で三階層に区分し削減する。輸出補助金は二〇一三年までに全廃、輸出信用、輸出国家貿易、食料援助を規制する。しかし農業保護削減ルール合意は決裂した。

ＷＴＯのファルコナー農業委員会議長（ニュージーランド）は、決裂の背景として、最高関税階層の関税削減率を、途上国Ｇ20は七五％、輸入国Ｇ10は四五％を主張し、上限関税の評価でも分かれた。重要品目の数は、「関税分類細目（タリフライン）」の品目総数の輸入国Ｇ10は一五％、ＥＵは八％、アメリカは一％と開きが大きい。輸入国Ｇ10と日本は、「米麦、芋豆・砂糖・でん粉、牛肉・豚肉・乳製品、生糸」など、高関税で地域経済への影響の大きい重要品目のルール化を求めた、とする。

ＷＴＯのレーム・ダック化

二〇〇六年三月主要国Ｇ６閣僚会議（ロンドン）は、四階層の境界値（七五％、五〇％、二〇％）

で合意した。しかしアメリカの直接支払い削減と重要品目（センシティブ品目）の領域で合意できない。二〇〇六年七月主要国G6閣僚会議（ジュネーブ）は、ついに農業合意を断念した。EU（欧州連合）のマンデルソン貿易担当委員は、「国内補助金削減でアメリカは、新興国G20より低い水準しか提案しない。関税引き下げで新興国G20より高い要求をEUや日本に出している」と、米国シュワブ通商代表に激しく詰め寄った。ブラジル・アモリ外相も「問題は、アメリカの国内補助金にある」とした。

こうしてアメリカ、EU、新興国G20の「三すくみ」構造により、WTO農業交渉は凍結した。その後、原油高で、アメリカ政府は自動車燃料のバイオエタノールを増産、原料トウモロコシの争奪により、国際相場は、二〇〇六年の一ブッシェル（トウモロコシで約二五キログラム）二ドルから、二〇〇七年四月には四ドルへと急騰した。アメリカが二〇〇二年価格低下を根拠に開始した直接支払いの削減を検討する可能性が生まれた。

しかし二〇〇七年四月WTOのG6閣僚会議（インド）でもアメリカの譲歩はない。ファルコナー議長「チャレンジ文書」は、各階層の削減率（六〇―八五％）、重要品目数は一―五％、アメリカ補助金を一〇〇億ドル前半―一九〇億ドルに削減、と提案した。輸入国G10は、重要品目数五％は許諾できない。二〇〇七年六月ファルコナー議長は、モダリティー（農業保護削減ルール）草案を提示し、重要品目は有税品目の四―六％、条件付きで八％、同時にミニマム・アクセス（最低輸入機会）のような低関税輸入枠を拡大する、とした。

農業交渉は大詰めを迎えつつあった。にもかかわらず、二〇〇九年一一月閣僚会議は多角的貿易体制を議論するにとどまる。輸入国G10は上限関税の阻止、重要品目の数と柔軟な取り扱い、関税割当の新設が重要事項であり、配慮されてのみ合意可能とする。二〇一〇年一二月閣僚会議も、後発途上国の開発を優先し、ドーハ・ラウンド交渉の行き詰まりを認め、一括合意はむずかしく、進展が可能な分野の部分合意を含め新たな手法により打開の道を探る、とした。こうして今日に至るまでWTO農業交渉は事実上の凍結、モダリティーの政策合意の機能が失われた「死に体」(レーム・ダック)の暗礁に乗り上げている。

また、地球規模で見れば、より広く「化石資源よりバイオマスを優先して利用する。エネルギーより食料供給を優先する」というグローバル戦略合意が喫緊の課題である。二〇〇七年七月、EUによる食料や環境と競合しないバイオ燃料の国際ルールの提案も注目に値する。途上国の飢餓に苦しむ人々を視野にいれ、相互理解、寛容と人類愛の精神にもとづき、WTO農業交渉の心豊かで平和的な解決を期待したい。

三　日本「みどりのアジア経済連携協定」の戦略

自由貿易協定と経済連携協定

WTO(世界貿易機関)農業交渉の閉塞のなか、自由貿易協定と経済連携協定による地域経済統合が急展開した。自由貿易協定と経済連携協定は、積極面である貿易創造・市場拡大効果、投資拡大効果と、他方で弊害としての貿易転換効果、構造改革効果の両面がある。

ＥＵ（欧州連合）の結成・拡大と北米自由貿易協定は世界の地域経済統合を加速化させた。事実上の東アジア統合も進展した。ＥＵは、共通農業政策を土台に、対外関税同盟から通貨統合へ進み、フランスの穀物や南欧の果実は共通市場を拡大した。世界各国は、ＥＵが新たに創出した域内共通市場へのアクセスに差異が生まれた。アメリカやオーストラリアは、それまでの欧州市場での位置から後退を始めた（貿易転換効果）。一九九二年ＥＵ共通農業政策のマクシャリー改革は、価格引下げと直接支払いへ転換した。

北米自由貿易協定は、自由貿易協定と海外直接投資を基軸に、多国籍企業の農産物貿易を推進する。カナダの穀物・油糧原料の資源基盤を囲い込み、メキシコのトウモロコシ輸入は小規模農民を壊滅させ、貧困層を生む。域内農業の南北格差は拡大した。同時にＥＵと北米自由貿易協定は、世界各地域の自由貿易協定と経済連携協定を加速化させた。南米南部共同市場（ＭＥＲＣＯＳＵＲ）は、アルゼンチンの穀物とブラジルの農畜産物などとの「棲み分け協業」へ向かう。

二〇〇二年に発足した中国とＡＳＥＡＮの自由貿易協定は、農産物関税引き下げの「前倒し実行」（アーリーハーベスト）を実施し、構造調整が進展した。日本も九〇年代末から、自由貿易協定と経済連携協定のゆるやかな地域協力政策へ転換し、二〇〇二年日本シンガポール経済連携協定、〇四年日本メキシコ経済連携協定を締結した。

みどりのアジア経済連携協定

日本政府は「みどりのアジア経済連携協定・推進戦略」を策定、安全・安心な食料輸入、輸入安定化・多元化、農林水産物の輸出、ビジネス環境整備、貧困解消、地球環境保全という農業の経済連携戦略を提案した。二〇〇六年日本マレーシア経済連携協定に続き、日本フィリピン経済連携協定署名は、貧困農民が生産する小型バナナの関税撤廃を決め、バイオエネルギーの技術協力、畜産・食品加工技術の支援などを盛り込む。〇七年日本タイ経済連携協定署名は、食料自給率と農業の共存を考慮し、日本側の鶏肉・エビ・マグロ缶詰・熱帯果実の輸入関税の撤廃、日本の輸出関心品目、リンゴなどのタイ側関税を撤廃した。農業協力と貿易自由化のバランスをとり、貧困農村のローカル・アグリビジネスの投資促進の「一村一品運動」支援や農協間の協力、食品安全協力を推進する。米麦などの重要品目（センシティブ品目）は関税撤廃からの除外、再協議で合意した。この間インドネシア、ベトナム、インドなどとの経済連携協定、日本とASEANの包括的経済連携協定（AJCEP）も発効した。

すなわち二〇〇七年八月、日本とASEAN（東南アジア諸国連合・一〇ヵ国）との包括的な経済連携協定で大筋合意し、〇八年署名、一〇年発効した。日本側は、米麦、乳製品、牛肉、豚肉、鶏肉、でん粉、パイナップルなどの重要品目を関税撤廃や関税削減の対象から除外した。日本側の輸出関心品目の梨、桃、ブドウ、リンゴ、ナガイモなどは、ASEAN側が段階的な関税撤廃に合意した。日本ASEAN包括的経済連携協定は、貿易自由化と農業協力とをバランスさせ、貧困農村支援、アジア農業協同組合振興機構（IDACA）などの農協間協力、食品加工技術支援、食品安全協力、バイオエネルギー技術協力などを推進する。この協定では、WTO（世界貿易機関）の日本提案を先取り、重要品目のルール化を実現し、米麦、乳製品、牛肉・豚肉、砂糖、でん粉などは関税削減の除外などで合意した。アジアの農業・食品産業内の棲み分け協業は、「アグロ・グローバリズム」による輸入攻勢に対して受け身になる「守りの農政」のみではなく、第8章でみる、日本の誇る技術水準の高い知識集約型の農産物を積極的に輸出する「攻めの農政」、および食料・農業・環境協力などの国際協力よって可能となる。

二〇〇七年四月交渉開始の日豪経済連携協定は、衆参農林水産委員会（二〇〇六年一二月）が、関税撤廃からの除外、再協議とする重要品目を定めており、オーストラリアの国家企業貿易などの難点が多かった。その後、オーストラリアは地域包括経済連携へ配慮した戦略から、二〇一四年四月の日豪自由貿易協定の大筋合意となり、牛肉の関税削減、三八・五％から二〇％台への切り下げ、牛肉の新しいセーフガード、プロセスチーズなどの関税割当などで合意した。

しかし、韓国の二〇〇七年米韓・経済連携協定署名は、米《こめ》を除外し牛肉関税の一五年間での段階的な撤廃とし、韓国国会の批准に委ねられ、二〇一一年一一月に強行批准された。自由貿易協定と経済連携協定のもつ構造改変効果を考慮すれば、WTO・農業交渉の教訓を活かし、農業の「重要品目」（センシティブ品目）に関しては、関税撤廃からの除外・再協議などの通常の関税撤廃とは異なる扱いをするという合意が避けて通れない。国際的にみて農産物関税の削減によって、消費者負担型から、財政負担型への農政転換をすすめてきた。食料自給率の向上や、零細な農業構造の変革に資するような、日本型直接支払い、たとえば品目横断的経営支援や環境保全型農業直接支払い、さらに中山間地域など直接支払いや農業者戸別所得補償などの、農業の担い手育成との同時進行が求められる。

前著『東アジア共同体をどうつくるか』は、グローバルな情報革命が農業問題の相貌を根本的に変えた、とする。第一に、農業は情報産業化し、東アジアの富裕層を対象に、共通市場が形成される。第二に、農業生産の多国籍企業（アグリビジネス）化が進展し、食品生産共同体が現実化する。第三に、食料自給力と「農業の多面的機能」への国民の再評価がすすむ。米・豪など市場覇権主義的なアグロ・グローバリズムに対して、稲作・小規模農業の持続可能な発展を求め、さらにバイオマス戦略がアジア共通の農業エネルギー政策を生み出すとき、農業は、東アジア地域統合の促進要因となる、とした。

四　農業・環境と東アジア地域協力

二一世紀の日本の役割は、先端農業技術、食品産業の知的資産、バイオ・エコ技術をアジア各国へ移転し、貧困削減や環境保全、持続可能な発展を援助・支援し、さらに共通市場を拡大する知識基盤型の国際貢献を遂げることにある。つまり農業・環境・エネルギーの広領域における一次産業基盤経済（プライマリー・エコノミー）の「棲み分け協業」を展望したい。つまりお互いの長所を発揮し、相互援助・相互互恵の調和のとれた、いわゆる「世界の和諧」である。アジア・ゲートウェー構想の中での文化・情報・大学の国際交流も加速される。グローバル化は、新しい世界の扉を切り開いている。

　国際連携と地域協力は喫緊の課題である。すでに第一部でみたように、第一に、すでに東アジアにおける食料安全保障の地域協力として「東アジア緊急米備蓄」が進展し、「東アジア（ASEAN+3）緊急米備蓄」として国際法にもとづく条約に格上げされた。第二に、ASEAN食料安全保障情報システムは、正確な域内の農業情報を整備し、食料安保を監視する機構として、知的人材を育成し、アジア食料情報ネットワークを開発し、知識移転の伝播力を高度化、後発国も農業IT革命へ包摂した。すでにみたASEAN+3緊急米備蓄とASEAN食料安全保障情報システムの二事業は、いまやASEAN統合食料安全保障の柱となっている。

　以上の地域協力を踏まえ、第三に、東アジア共通農業政策と東アジア（ASEAN+3）一三ヵ国農林大臣会合に恒常的事務局を設置し、米麦など「アジア共通重要品目」を対象に、貿易自由化から受ける利益を原資とし、基金からの再分配を提案したい。第四に、食品産業はアジア農業と事実上の食料生産共同体を形成した。そこで食品安全性の共通レジームと規範、ビジネス環境整備（知的財産権保護）などの地域協力を強化する。第五に、バイオエネルギーの地域協力を促進し、食糧のバイオ原料転換量と土地利用面積に上限を設定し、食料・環境・エネルギーを統合する政策が不可欠である。これらの東アジア地域協力を発展させる食料共通政策の政策提案は第9章で詳しくみたい。

農が拓く東アジア共同体

　いわゆるアジア協力を促進する日本の知識基盤型の国際貢献の展望に関連し、政権交代後の鳩山首相は東アジア共同体構想*をかかげた。

＊　東アジア共同体構想――東アジア諸国の相互依存の深化は、アジア経済危機を機に域内協力の制度化を促す。二〇〇〇年ASEAN＋3（日中韓）の一三ヵ国は通貨交換協定を締結した。二〇〇五年ASEAN＋3サミットとともに、史上初の東アジア・サミットを、上記一三国に、インド、オーストラリア、ニュージーランドの三国を加えて開催した（ASEAN＋6）。共同体形成にとって東アジア・サミットが重要な役割を果たし、ASEAN＋3が主要な手段たることを確認した。二〇〇七年セブ、シンガポールの各首脳会議をへて、開かれた地域統合の現実性を強めてきた。二〇一一年東アジア・サミットは米・露を加えた。

しかし鳩山首相の後をついだ菅首相はTPP（環太平洋経済連携協定）への参加検討を表明し、その後、第7章でみるような展開をとげた。こうした新大陸型アグロ・グローバリズム・クラブに主導されたTPPは、東アジア共同体の代替政策となりえない。やはり、農業問題の解決は、「農業共存のアジア経済連携協定戦略」に立ち戻り、重要品目（センシティブ品目）ルール化と地域協力を具体化し、相互依存を進める道にある。そうすれば農業は、EU成立の牽引車であったように、アジア共同体を促進する要因ともなりうる。いうまでもなく日本の知的資産による貢献は、共同体構築にとって不可欠である。日本の役割は、歴史と風土によって養われた、先端知識をアジア各国へ移転し、共通市場を拡大する「知識基盤型の国際貢献」にある。

と同時に、東アジア共同体を設計するにあたって、現代社会にふさわしく生まれ変わった農業の構築が問われている。農業のもつ多面的機能を発揮し、地域環境を保全しつつ、持続可能な発展をもたらす「新しい農業」は、未来のアジアを創造する促進要因である。東アジアで共同体を構築するうえでは、EUとは違いがある。歴史的な和解、政治経済体制の移行、開発独裁体制などとの異なる体制間の共生、内部の大きな南北格差の調整、開発支援という問題を抱えている。なかでも農業は、こうした東アジア社会の政治・経済・文化の基盤をなす土地問題を基礎に、零細規模の米生産経営という伝統と慣習のなかにある。

しかしグローバル化と情報革命のなかで、農業は現代社会にふさわしい位置を占めるべく大きく変貌しつつある。食料消費者の期待に応える食の安心と安全、飢餓を回避する食料安全保障、国土環境と景観・文化をもたらす農業の多面的機能への注目が、農業の変革を不可避にした。

多面的機能を発揮する「新しい農業」は、未来のアジア社会を創造する促進要因となる。農業は、歴史を超える生命再生の平和産業であり、地球温暖化を防止するバイオエネルギーを生み出し、格差構造を調整する多面的な農業・環境協力を促進する。対峙と因習によって希望が潰えようとするその時に、新しい共生の展望が拓かれる。「希望の逆説」である。

こうした「農業は共同体の促進要因である」というポジティブな現実論は、WTOのドーハ・ラウンド農業交渉にあたって、米・豪のアグロ・グローバリズムに対して、重要品目のルール化により各国農業が共生し、アジアの共通市場を創出しようとする英知に示された。ASEANがハブとなり日中韓の三ヵ国をスポークとする自由貿易協定と経済連携協定の地域連携ネットワークはすでに具体化しつつある。そこにはWTOの農業交渉における重要品目ルール化の活用が望まれる。また、東アジアの食料安全保障・食品安全性協力、環境・農業開発協力、開発輸入による食品生産共同体の形成などによる日本の知的資産による貢献は、アジア協力による事実上の相互依存共同体を構築する最先端をなす。

中国やASEAN諸国における多様な農業発展の道は、競争と共生の方向を示している。また零細農業の構造変革も、市場開放と連動した経営支援（環境支払い）政策、草の根の農村起業、フードビジネス、知的財産権、農業輸出戦略の本格化によって進展し、アジア諸国との連携を可能とする。いうまでもなく、多面的機能を発揮する「新しい農業」は、バイオエネルギー、環境を創り保健機能をもつ農業、グリーンツーリズム、中山間資源、森の国の再生として、新しい人間と自然との共生を拓いている。

アジア共生の道は、アジア共通市場の利益を再分配する新機軸の地域経済連携協定、東アジア共通農業政策の提案として総括される。振り返って、二〇〇六年一二月の国際アジア共同体学会の創設大会において、韓国代表からは「人口減少時代の補完体としての東アジア」、中国代表からは「調和のとれた和諧世界、アジアの互恵的ウィン・ウィン関係」という展望が示された。次のステージは、東アジア共通農業政策を含む相互依存のアジア共通政策の具体的な提案であろう。希望は、互いの自己抑制、賢明さ、寛容の精神から生まれる。近未来において、アジアの共生を体現した共同体が、平和のための新しい呼び名となることを祈念したい。

第7章　ＴＰＰか、地域包括的経済連携か

ＷＴＯ（世界貿易機関）ドーハ・ラウンドが難航するなか、二〇一三年、ＴＰＰ（環太平洋経済連携協定）、地域包括的経済連携、日本・ＥＵ（欧州共同体）間自由貿易協定、環大西洋貿易投資連携協定という、四つの巨大な自由貿易協定の交渉が開始された。メガ自由貿易協定元年と言われる。世界はリージョナリズム（地域主義）の方向へ大きく舵をきった。

経済連携協定（ＥＰＡ）は、貿易障壁撤廃を定める狭義の自由貿易協定（ＦＴＡ）を超えて、人の移動、投資、経済協力など幅広い分野で経済関係の強化を定める。日本は経済連携協定をすでに一四ヵ国・一地域と締結（一四ヵ国・一地域は、シンガポール、メキシコ、マレーシア、チリ、タイ、インドネシア、ブルネイ、フィリピン、スイス、ベトナム、インド、ペルー、オーストラリア、モンゴルおよびＡＳＥＡＮ）、いくつかは交渉段階にある（二〇一五年）。二〇〇七年ＡＳＥＡＮとは、主要農産物を対象外とし一〇年以内に輸入額九三％の関税撤廃を含む経済連携協定を大筋合意し、すでに一〇ヵ国で発効している。世界の自由貿易協定と経済連携協定による地域経済統合は、これまでに関税同盟・通貨統合のＥＵ、自由貿易協定と海外直接投資の拡大をはかる北米自由貿易協定（ＮＡＦ

TA）、関税同盟・域内分業の南米南部共同市場（MERCOSUR）がある。

一　TPPと食料安全保障

1　アメリカのアジア戦略とTPP

アメリカ合衆国オバマ大統領のアジア太平洋重視の「リバランス」戦略は、アメリカ経済の成長と雇用拡大のため、最もダイナミックに発展するアジアへの進出をめざしている。アジア太平洋国家を自認するアメリカは、二〇〇二年、APEC（アジア太平洋経済協力会議）で当時の小泉首相が東アジア共同体を提唱するや、これを問題視した。アメリカのアジア戦略は、みずからがリードしてきた「WTO体制」の行き詰まりがある。ドーハ・開発ラウンドの多角的交渉は妥結せず、欧州の地域統合・EUは発展を遂げ、世界は自由貿易協定・経済連携協定による地域統合をめざす方向へ転換した。アメリカの自由貿易協定戦略は、北米大陸の三ヵ国（アメリカ・カナダ・メキシコ）による北米自由貿易協定（NAFTA）を基盤にした。しかし南北アメリカ両大陸を包括する統合は、南米の新興国ブラジル・アルゼンチンなどの南米南部共同市場の壁に阻まれ、北米主導の自由貿易協定圏域は成長できなかった。アメリカは「アジア太平洋国家」としてのアジア戦略へと転じ、究極目標は、二〇二〇年アジア太平洋自由貿易地域の設立に置かれる。そのためボランタリーな自由化のアジア太平洋経済協力会議（ＡＰＥＣ）を土台に、「例外なき自由化」のＴＰＰを使う手法にでた。

ＴＰＰ（環太平洋経済連携協定）は二〇〇六年にシンガポール・ブルネイ・ニュージーランド・チリの四ヵ国による環太平洋経済連携協定（Ｐ４）としてスタートした。次第にアメリカ、オーストラリア、ペルー、ベトナムなどへとメンバーを拡大し、二〇〇八年一一ヵ国となって注目を浴びた。ＴＰＰの参加国は、アメリカのみが大国で、あとは小国や小市場の集まりである。国民総生産の比で「アメリカ九対その他諸国一」といういびつな地域協力体である。ニュージーランド・チリは食料輸出に大きく依存し、都市国家・食料輸入全面依存のシンガポール・ブルネイ、米輸出国ベトナム、工業化のマレーシアが参加したが、アジアの主要国、人口大国や大市場を含む中国やタイ・インドネシア・フィリピンなどはきわめて慎重である。

ＴＰＰはアメリカをハブとし、分散する「自由化原理主義」の国々をスポークとするアメリカ主導のハブ・アンド・スポーク型協定にすぎない。地域統合として合理性を欠き、アジア主要国の分断を招きかねない。「自由化クラブ」の地政学的な特徴がある。アメリカは「価値観を共有する」日本のＴＰＰ参加が必要で、日本参加で世界の国民総生産の三八％となる巨大市場をめざした。日本はアジアに軸足をおき、大きく成長するアジア市場と共存する途を選択すれば良かった。それなのに二〇一〇年菅政権は、鳩山政権のアジア地域統合と東アジア共同体構築の戦略から大転換し、中国脅威論・日米安保基軸論に押され「平成の開国」と称し、バスに乗り遅れるとあわててＴＰＰへ参加する経済外交の下策を果たした。

ＴＰＰは一〇年以内関税完全撤廃という、ＷＴＯドーハ・ラウンドを上回る厳しい条件を課した。

国内農業補助の規制はなく、市場アクセス拡大をめざすアメリカ・オーストラリアなどの食料輸出強国にとって都合のよい枠組みである。アメリカ・オーストラリアは、難航するWTO農業交渉よりも有利な枠組みに日本を引きずり込み、東アジア諸国を分断し、食料市場の拡大を図る。TPPは米国グローバル企業の最大収益機会を拡大し、海外投資受入国における資源賦存の優位を秩序化し、アメリカ発ルールへ標準化、相手国の制度改変まで迫る。いわゆる「包括的な高いレベル」の多国間ルールのひな型である。

2　聖域なき自由化へ

二一分野に及ぶTPP交渉

TPP交渉は以下の二一分野におよぶ。①物品市場アクセス、②原産地規制、③貿易円滑化、④衛生植物検疫、⑤貿易の技術的障害、⑥貿易救済（緊急輸入制限など）、⑦政府調達、⑧知的財産、⑨競争政策、⑩越境サービス、⑪一時的入国・⑫金融サービス・⑬電気通信、⑭電子商取引、⑮投資、⑯環境、⑰労働、⑱制度的事項、⑲紛争解決、⑳協力、および分野横断的事項である。

上記のうち、①⑧⑨⑮⑯⑲の六分野および、投資家国家紛争調停（ISDS）条項（Investor-State Dispute Settlement）と規制の整合性で各国が特に対立する。TPP交渉のアメリカの狙いは、農業をはじめ、金融、保険・簡保、医療、社会保障、環境、労働、ISDS条項、知的財産権の制度そのものにメスを入れる。農業の多面的機能を含め、国民へ公共財を提供する公共政策を後退させ、地域固有の価値や文化、社会様式を改変させ、経済社会システムを「米国化」する。

食料関税撤廃は食料解体

アメリカは守るべき分野は守り、他国に「聖域なき自由化」を迫る。TPPの交渉は二〇一〇年マレーシア参加、一一年日本・カナダ・メキシコ協議開始、一二年カナダ・メキシコ参加、一三年日本が参加で一二ヵ国となる。日米二国間事前協議の声明は、「日米両国ともに二国間貿易上のセンシティビティー（重要品目）が存在し、一方的に（unilaterally）すべての関税を撤廃することを約束しない」とし、安倍首相は「聖域なき関税撤廃を前提としない」とした。一四年四月に日米協議が合意し、TPPの交渉参加を承認した。同時に衆参両院の国会決議は、「米、麦、牛肉・豚肉、乳製品、甘味資源作物の重要五品目は、再生産が可能となるよう除外ないし再協議し、一〇年超の段階的な関税撤廃も認めない。残留農薬・食品添加物基準、遺伝子組換え食品の表示などの食の安全・安心を損なわない。ISDS条項に合意しない。聖域（死活的利益）の確保を最優先し確保できなければ脱退も辞さない」とした。日本政府は、内閣官房に「TPP対策本部」を設置し権限を集中した。上記の重要五項目には、食品産業フードチェーンの食材中間財・モジュール部品からなる関税細分類HS三—五桁以下の五八六品目を含む。

二〇一三年七月TPPマレーシア会合は日本参加を歓迎、八月ブルネイ会合から首席交渉官会合と一〇作業部会・ステークホルダー（利害関係者）会合へ合流した。ホノルル目標の達成と発展段階の多様性を配慮し包括的な地域協定をめざすとし、一一月シンガポール閣僚会合は、主要課題の潜在的な着地点を特定した。二〇一四年四月、東アジアの安全保障環境の変化へ対応するとして、東京の安倍・オバマ会談（甘利・フロマン協議）は、牛肉関税削減（三八・五%↓二〇%）、低価格帯豚肉税、乳製品チーズ税削減、米・麦・砂糖の低・無関税輸入枠、米国車規制緩和などで対立し、完全合意なく延長協議となる。

日米合意は、①段階的な関税削減、②セーフガード（緊急輸入制限）、③関税割当などの構成要素を組み合わせ、着地点を見いだす、「パッケージ（連立方程式）合意」で「前進する道筋」をしめした。しかし五月シンガポール緊急閣僚会合でアメリカ代表はセーフガード導入に難色を示し「パッケージ合意」が崩れた。オバマ氏が「とても強固」と嘆いた米国豚肉業界、および五ヵ国牛肉同盟が、日豪経済連携合意を超える関税撤廃を求めた。一一月のアメリカ議会中間選挙を控えロビイストを考慮したと言われ、多国籍アグリビジネスのプレゼンスが顕在化した。

頓挫するかに見えたTPP合意

最終期限とされた二〇一五年七月末、ハワイ・ラハイナで開催されたTPP閣僚会議は、米、麦、牛肉・豚肉、乳製品、甘味資源作物の農産物重要五品目のうち、アメリカ五割、カナダ三割、オーストラリア二割から輸入する関税ゼロの国家貿易の小麦は国の受け取る利益分（一キロ一七円、総額七〇〇—八〇〇億円）を減額、牛肉は三八・五%の関税を二七・五%、一〇年二〇%、一五年かけて三段階で九%まで引き下げ、セーフガード（緊急輸入制限）を一段階前に戻す、アメリカ輸入の日本産和牛の低関税枠（一キロ五円）を二〇〇トンから三〇〇〇トンまで拡大しかつ撤廃、この枠外の高関税（二六・四％）を交渉中、豚肉、高価格帯の関税（一キロ四・三円）は一〇年で撤廃、ハンバーグ・ソーセージ加工用モモの低価格帯（一キロ六五円以下）の関税（一キロ四八二円）は「一二五円↓五年七〇円↓一〇年五〇円」に、国家管理のバターなどの乳製品はニュージーランド・アメリカ・オーストラリア産に低関税輸入枠（生乳換算計七・五万トン）をつくり関税三五％に加える国の利益分（一キロ六〇〇円）を一〇年で撤廃、クロマグロ・サケ・マスなどの水産物の関税（三・五％）を大部分撤廃、ワイン関税（一五％か一リットル当たり一二五円の安い方）を七年で撤廃と報道される。

しかし、乳製品はニュージーランドが大幅拡大（一国で九万トン）を要求し合意ならず。米（関税一キロ三四一円）はアメリカ・オーストラリアに優先輸入枠（ミニマム・アクセス追加）を設け七万トンまで段階的に拡大する案だが、アメリカは一七・五万トンを要求し合意ならず。反対にアメリカは乗用車（二・五％）とトラック（二五％）の関税を三〇年超で撤廃、車輪・シートベルトなどの自動車部品の大半五割台の関税（二・五％）を一〇年以内に撤廃する案が合意ならず、バイオ医薬品データの保護期間でもアメリカは一二年を、後発医薬品（ジェネリック）を活用するオーストラリア・マレーシアなど途上国は五年を要求し合意ならず。地理的表示の保護ルールや争点の国有企業の優遇策、ＩＳＤＳ条項の提訴内容公開でも難航したと報道される。ＴＰＰ大筋合意見送りで、米大統領選を控え時間が少なく、大統領貿易促進権限法との関連で、年内署名へ日程綱渡り、漂流する可能性もある、成算薄く時間切れ、との悲観論が登場していた。

3　アトランタ大筋合意

「漂流」するかに見えた交渉は、ついに二〇一五年一〇月アトランタ閣僚会合で、一二ヵ国で八億人、国民総生産で三一〇〇兆円の市場で、三一分野の協定に大筋合意した。工業製品関税の九九・九％は撤廃、知的財産権や環境保護、サービス、投資、国有企業・競争政策、労働などの幅広い国際ルールの制定を定めた。

農産物重要五品目

まず市場アクセス交渉のうち、農林水産物二三二八品目の八割、一八八五品目八一・〇％の関税が撤廃される。そのうち「農産物の重要五品目」（五八六品目）でも、一七四品目、二九・七％の関税が撤廃され、四一二品目は例外とされる。

①米五八品目は、一五品目二五・九％が関税撤廃、主に国家貿易制度と関税一キロ三四一円を維持し、すでにある「ＷＴＯ枠の輸入義務枠」（ミニマム・アクセス）年七七万トンに加えて、新たな売買同時入札の方式の「国別ＴＰＰ枠」を、アメリカへ五万トン（三年維持）―七万トン（一三年目）、オーストラリアへ六〇〇〇―八四〇〇トン、計七・八四万トンを設定する。政府はこれを備蓄米として買い上げ、一定期間後に安価で放出する。「しかし国内米の価格水準の低下も懸念される」。日本産の米輸出はアメリカ向けに五年目でアメリカ関税を撤廃する。

②小麦・大麦一〇九品目は、二六品目二三・九％が関税撤廃、主に国家貿易制度を維持し、WTO枠の輸入義務枠年五七四万トンに加えて、新たな売買同時入札方式の小麦国別TPP輸入枠をアメリカ一五万トン、カナダ五・三万トン、オーストラリア五万トンへ、計一九・二—二五・三万トン（七年目）へ設定する。この枠内税率は無税で、さらに国から製粉企業へ販売時の上乗せ金一キロ一七円の輸入差益（マークアップ）を九年目までに四五％削減する。小麦製品や大麦にも輸入枠を設定、加工品のマカロニ・スパゲッティーは九年目に関税六〇％削減する。

③牛肉・豚肉一〇〇品目は、七〇品目七〇％が関税撤廃、うち牛肉は、関税を現三八・五％から、二七・五％（初年）、二〇％（一〇年目）、九％（一六年目）へ削減する。「高級和牛は差別化されるが、赤身の乳用牛肉は競合し価格下落も懸念される」（農水省）。日本産の牛肉輸出はアメリカ向けに六二五〇トンの無税の輸出枠、一五年目でアメリカ関税を撤廃する。豚肉は、差額関税制度を維持し、ソーセージなど加工用の低中価格豚は、従量税一キロ四八二円を一二五円（初年）、五〇円（一〇年目）へ削減する。分岐点価格（一キロ五二四円）を超えるアメリカ・カナダ・メキシコ産などの高価格豚の従価税は、現四・三％を一〇年目に撤廃する。いずれも輸入量が急増する際に、関税を一定水準へ戻す緊急輸入制限措置（セーフガード）を設ける。「長期的には豚肉の低価格部位が安価で輸入され、国産価格の下落も懸念される」（農水省）。

④乳製品一八八品目は、三一品目一六・五％が関税撤廃、脱脂粉乳・バターは、国家貿易制度の下で農畜産業振興機構が一次枠を輸入し、それを超える枠外の二次税率は、バター二九・八％＋一キロ九八五円などを維持し、新たに「TPP低関税輸入枠・生乳」を六万トン（初年）から七万トン（六

年目）を設定する。またチェダーチーズなどは一六年目までに関税撤廃、プロセスチーズはオーストラリア・ニュージーランド・アメリカへ国別輸入枠を各国一五〇トンで計四五〇トン設定する。「脱脂粉乳・チーズの価格下落などにより、生乳価格の下落も懸念される」（農水省）。

⑤甘味資源作物一三一品目の三二品目二四・四％が関税撤廃、砂糖（粗糖など）は、糖価調整制度を維持し、高糖度原料のみ無税とし調整金を削減、加糖調整品は品目ごとに「国別輸入ＴＰＰ枠」九・六万トン（六―一一年目）を設定する。

その他の農林水産物

以上の重要五品目以外の「その他の農林水産物」一七四二品目は、農産物・食品は、一七一一品目九八・二％が関税撤廃される（図表6）。日本の食品加工の原料農産物は、生食用の利用の残りを加工へ仕向ける調整機構という特質を持つため、食品と農産物が互いに影響する関係にある。

以上の農林水産業と比較して、五兆円規模の自動車市場をもつアメリカ向けの乗用車関税二・五％は、一五年目開始で、二五年目に撤廃、アメリカ向けトラック関税二五％は、二九年維持し三〇年目に撤廃であり、ベトナム向け自動車関税の一〇―一三年目の撤廃と比較しても、はるかに長い期間にわたって関税が維持される。

国際ルール

つぎに国際ルールの制定を見ていこう。

品目		現行関税	合意内容
林産物（合板・製材）			16 年目までに関税撤廃・セーフガード
水産物	カツオ、ギンダラ	3.5%	即時撤廃
	サケ加工品	9.6%	即時撤廃
	タラバガニ	4%	即時撤廃
	エビ	2%	即時撤廃
	アジ	10%	12 年～ 16 年目に撤廃
	サバ	7%	11 年目に撤廃
	本マグロ、ギンサケ	3.5%	11 年目に撤廃
	ホタテ	10%	11 年目に撤廃
	ノリ・コンブ		15% 削減
酒類	ボトルワイン	15% もしくは 1 ℓ 125 円の低い方	8 年目に撤廃
	清酒・焼酎		11 年目までに撤廃

＊　アメリカ、チリ、ニュージーランドなどは世界有数の輸出力があり、価格低下が懸念される。

＊＊　アスパラガス・カボチャはメキシコからの輸入が多い。

輸出

品目	現行関税	合意内容
ベトナム向け水産物		即時撤廃
アメリカ・カナダ向け酒類（清酒をふくむ）		即時撤廃

図表6　TPP アトランタ合意による「その他農林水産物」の関税撤廃

輸入

品目		現行関税	合意内容
果実	オレンジ（生果）	6～11月16%／12～5月32%	6～8年目に関税撤廃。削減中はセーフガード
	ぶどう	7.8%～17%	即時撤廃
	キウイ	6.4%	即時撤廃
	グレープフルーツ	10%	6年目に撤廃
	サクランボ	8.5%	6年目に撤廃
	オレンジジュース	9.8～21.3%	11年目に撤廃
	リンゴ	17%	11年目に撤廃
	リンゴジュース	19.1～34%	11年目に撤廃
	バナナ、パイナップル	17%	11年目に撤廃
	トマトジュース・ケチャップ	17～29.8%	6～11年目に撤廃 *
野菜	主要野菜 **	3～4%	撤廃
	タマネギ	8.5%	撤廃
畜産物	ソーセージ	10%	6年目に撤廃
	牛たん	12.8%	11年目に撤廃
	ハム・ベーコン	最大1キロ614円	11年目に撤廃
	ビーフカレー・レトルト		11年目に撤廃
	牛ハラミ	12.8%	13年目までに撤廃
	鶏肉	8.5～11.9%	6～11年目に撤廃
	鶏卵	8～21.3%	13年目に撤廃
その他の加工食品	アイスクリーム	21～29.8%	6年で63～67%削減
	ジャム	16.8%	6年目に撤廃
	緑茶	12%	6年目に撤廃
	ポテトチップ	9%	6年目に撤廃
	マーガリン	29.8%	6年目に撤廃
	ビスケット	15%	6年目に撤廃
	シリアル	11.5%	8年目に撤廃
	天然はちみつ	25.5%	8年目に撤廃
	カニピラフ	9.60%	11年目に撤廃
	フローズンヨーグルト	26.3～29.8%	11年目に撤廃
	チューインガム	24%	11年目に撤廃
	粉チーズ	26.3～40%	16年目に撤廃

①知的財産では、WTO（世界貿易機関）の「知的所有権の貿易関連に関する協定」を上回る水準の保護と利用の促進をはかる。生物資源の関わるバイオ医薬品の開発データ保護期間を、アメリカ一二年とオーストラリア・新興国五年の間をとり実質八年とした。食料品にも関わる商標、特許、著作権などを保護し新興国での模造品製造を防ぐ措置、地理的表示、たとえば「青森リンゴ」などの産地名の保護と認定・異議申し立てなどの手続きを定めた。

②国有企業・指定独占企業では、マレーシア・ベトナムなどのエネルギー・通信・運輸・水利などの重要インフラを担う国有企業への援助は、他国の利益に悪影響を及ぼさず、その情報を提供する。

③海外投資では、投資財産の設立と以降の内国民待遇と最恵国待遇、および公正衡平待遇を保障する。日本食販売にも関わるマレーシアのコンビニ規制やベトナムの小売り出店の規制を撤廃する。また「投資家と国との間の紛争の解決」の投資仲裁手続きは、世界銀行傘下の「投資紛争解決国際センター」などから仲裁機関を選択する。政府の外国企業の収用や不当規制を禁じ、また情報公開や申し立て期間を定めた乱訴の抑制規定、投資受入国が「正当な公共目的にもとづく規制の措置」を定めた。

④原産地規制では、日本とカナダ・メキシコとで対立したが、域内関税優遇を受けるには、域内A国の部品調達・域内B国の組み立てなど、製品の付加価値の累積一定割合、自動車で五五％を、域内で生産された原産地証明書の添付を要件とする。加工食品にも適用される。

⑤衛生植物検疫措置では、人、動物または植物の生命と健康を保護し、各国の衛生植物検疫措置が貿易の不当な障壁とならない。手続きの透明性、情報の開示、「独自の専門家による協力的な技術協議」を定め、各国は科学的な原則により「食品の安全」を確保する措置をとる権利がある。WTO衛

生植物検疫協定を踏まえた、食の安全、遺伝子組換え食品の扱いは確保される。その他、国際ルールとして、労働ではＩＬＯ（国際労働機関）が定める強制労働、児童労働、雇用差別は、公正な競争に反するなどとして制限する。環境では既存の多国間ルールを守り企業誘致のため環境規制の緩和を防止し、乱獲による水産資源の枯渇を制限する、などを盛り込んでいる。以上の国際ルールもその運用如何である。

以上のようにＴＰＰ交渉のアトランタ大筋合意の本質は、日本の農産物重要五品目において、牛肉・豚肉・乳製品という根幹が大幅に削減された。「聖域」として国会決議されたものは、これまでみてきたようなアメリカ・オーストラリア・ニュージーランドなどへの妥協につぐ妥協によって明け渡された。さらに秘密交渉によって未公開であった、その他の果実・野菜・農産物・水産物・加工食品の一七一一品目九・二％が関税撤廃される。持続可能な農業を阻害し、食品産業に打撃を与え、七九兆円（二〇一〇年）に及ぶ国内の食料産業部門を震撼させる。しかし他方ではアメリカの自動車産業は二五―三〇年にわたり関税が維持される。ＷＴＯ交渉をはるかに超える市場原理主義と「アグロ・グローバリズム」を優遇した、一方的な「強者の論理」である。

ＴＰＰの本質は、世界が多極化の道を歩む中で、かつてウォラーステインが指摘した、「世界経済は、『中心』への『半周辺』と『周辺＝辺境』への分岐化とその従属という地域的な三層構造」、つまり時代おくれで崩壊しつつある「帝国」の覇権システムを、政治と経済をリンクさせ安全保障と組み合わせることで、新興国などの一部を取り込みながら、アジア太平洋に再現するものではないのか。

二　ＴＰＰの持つ意味

1　交渉参加の政策過程

作山功『日本のＴＰＰ交渉参加の真実』は、農水省国際部・国際交渉官および内閣官房国家戦略室などのＴＰＰ（環太平洋経済連携協定）交渉の現場経験を踏まえ、日本の交渉参加の政策過程は、国際交渉（外圧と争点リンケージ）と国内政治（拒否権行使者）との二層の政治構造模型からなるとする。特に国内政治の焦点となる政策最終決定主体の「首相官邸」をめぐる「政府内政治構造」では、政権政党（与党・族議員）と官僚（関係府庁・経産省・農水省）たちとの、多数の行為者による駆け引きが、政策を決定した、と振り返っている。

山場となる二〇一〇年の菅政権以降のプロセスでは、多数の行為者のうち、首相官邸を巻き込んで推進した経産省と、反対する農水省・農林族議員・農協が対峙した、という構図である。この枠外の外務省・商工族や経団連への関与は限定された。また複数の交渉課題を組み合わせる国際交渉の「争点リンケージ」では、政治問題と経済問題、貿易自由化・ＴＰＰ交渉参加と政治・外交・安全保障とを組み合わせ、アメリカとの関係改善や中国への牽制の課題とのリンケージが行われた、と評価している。以下はその実証分析である。

二〇一〇年の菅政権による交渉参加表明は、普天間基地移設問題で悪化したアメリカとの関係改善（争点リンケージ）を重視し、民主党政権の「政治主導」と「与党一元化」の結果、族議員が消滅し、最後の拒否権行使者である農水省を押さえ込んだ。つまり経産省による首相官邸への執拗な駆け引きが功を奏し、交渉参加の検討表明を可能とした。さらに、二〇一三年の第二次安倍内閣による日米共同声明による参加表明は、参加時点では「聖域無き関税撤廃」を前提しない、しかし交渉後の関税撤廃を否定しない、という入り口論を強弁するにすぎない。

無人島をめぐる中国脅威論のナショナルな恐怖感情を前面に出して、外交・安全保障・政治と経済自由化との争点リンケージを強調した。安全保障の存在そのものが、拒否権行使者としての農林族議員を抑制し、与党への凝集性と首相官邸への求心力を高めた。首相官邸は農相を取り込みつつ、農水省への情報を遮断することで力を弱めさせ、拒否権行使者の押さえ込みに成功した。

これが『日本のＴＰＰ交渉参加の真実』の結論である。行為者を日本政府内に限定し、ダイナミックな国際政治経済の枠組みと国際関係、国内行為者の商工族や経団連がいかに経産省をプッシュしたか、さらに首相官邸・内閣参与による経済財政諮問会議、日本経済再生本部などの「政府内外統合政治」の構造、およびアメリカ内部の行為者や多国籍化したアグリビジネスのロビー動向などの、多元的な行為者が解明の埒外におかれたことは、政治力学の理解として残念ではある。しかし小選挙区制度と政党助成金、さらに政権与党の事前審査制廃止によって、与党への凝集性が高まったこと、利益集団としての派閥や族議員の力がそがれて、「首相官邸集権型」の政治構造がうまれたことを、ＴＰＰ交渉参加の政策過程の特質として政府内部から解明したことは注目される。

もとより、日本の総合国益がかかり、国民の判断の異なる政策形成について、憲法の定めた国民主権を代表する国会審議ではなく、政権与党内部と官僚内部・省庁間の駆け引きによって最終判断がくだされたことは、やがて歴史的な検証を受けざるを得ない重要争点である。

2　TPPと持続可能な農業

はたしてTPP交渉の背景にはなにがあるのか、検証したい。日本の国益は、最低でも衆参両院の国会決議に示される。多面的機能など公共財を供給する農業が、アジアのなかで共生する道である。TPPによる関税撤廃後の日本農業への影響、一三年三月政府試算は、農業生産量の減少率で、米三二%、小麦九九%、大麦七九%、砂糖一〇〇%、でん粉一〇〇%、牛乳・乳製品四五%、牛肉六八%、豚肉七〇%とする。生産金額減少は、二兆九六八〇億円（大学教員の会試算――三兆四七〇〇億円）である。国民総生産の増減は、政府試算〇・六六%増（三・二兆円増）と大学教員の会一・〇%減（四・八兆円減）と分かれる。熱量ベースの食料自給率は三九%から二七%へ急落するとする。

政府試算は、米・豪の米《こめ》輸出余力に限定した過小評価で、関連産業と雇用への影響を無視する。大学教員の会は、関連産業・雇用効果も含めて試算する。「内閣府モデル組み替え試算」では国民総生産の伸びは、〇・〇五九%増（二七〇〇億円増）にとどまり、地域包括的経済連携よりも小さい。農業の過小評価を補正すると国民総生産の伸びはマイナス〇・一%（四九〇〇億円減）となる。農業・食品加工・建設・輸送・サービスの損失を、自動車・機械・電子の利益ではカバーできない。農業生産の大幅な縮小によって、地域資源の管理水準は低下し、環境は破壊され、農業関連産業は沈下、地域経済は縮減する。人口は流出し地域社会は崩壊、離島などの国境存続の危機となる。

「TPPは農業を近代化し、構造を強化することで、長期的にはプラス要素もある」「制度改革によって農業生産性を向上する機会」という見解があるが、いかがなものか。TPPと連動した農業国内改革は官邸・財界に主導され、米生産調整の廃止、農地中間管理事業、農協組織改革など、むしろ多国籍アグリビジネスを受容する環境整備の意味合いが濃厚である。

米・豪の数千ヘクタール規模の巨大農場をモデルに、規模拡大とコストダウン、自由化と大規模農業への施策集中で農業改革が実現すると考えるのは幻想である。価格低下はむしろ大規模な農業専業経営を直撃する。零細な家族農業は、アジア・モンスーンの国土条件によるものでアジアに共通する。山間部の水路や農道管理に農業集落が役割を果たし、防災の砦になる。農林業を衰退させると地域資源は劣化し、洪水や土石流などの自然災害、大災害に弱い国土をもたらす。

むしろ生物資源を有効利用し、強靱な持続型農業を構築することが課題である。法人化と個別経営発展、集落営農と多様な協同経営、この両輪によって地域農業の担い手を確保する。農地の集約化・集中も進める。農業にバイオエネルギーを活用し、現場にねざした技術革新を軸に経営ビジネスのイノベーションを進展させる。日本の和食文化を海外へ輸出する。これを可能とする国境調整・関税政策による国家歳入の維持、国家歳出による国内助成・農業保護政策は現代の常識である。むしろ農業発展を欧州地域規模で実現したEUの共通農業政策に学び、アジア主要国の農業と共存し、連携する地域統合こそが二一世紀の未来を切り拓く。

3　食品安全制度の改変

ＴＰＰのルール交渉の焦点の一つが、食品安全制度の改変である。食品リスク分析の世界標準は、国連の国際食品規格委員会による。日本の食品安全基本法は、食品危害回避の、①リスク評価、②リスク管理、③リスク・コミュニケーションの三要素からなる。①リスク評価は、一日当たり摂取許容量や国民摂取量の食料消費要素（フードファクター）を考慮し、健康への影響を判断する。②リスク管理、なかでもグローバルな食料供給連鎖（フードサプライチェーン）の全体のリスク管理は、早期警戒・緊急・迅速対応の「食品安全のための緊急予防システム長期戦略計画」（二〇一〇年、ＦＡＯ）がある。食品事業体による「節約して栽培する」（Save & Grow）、適正農業規範、食品安全危害分析重要管理点、国際標準規格ＩＳＯ２２０００などの食品安全認証はリスク管理の単位（ユニット）である。③リスク・コミュニケーションは、正確な情報を開示し、市民の意見を反映し、透明性を確保し、安全を安心・信頼へ変える保証である。

消費者の食品安全認識は、各国により異なる。日本の消費者基本法（二〇〇八年）は、消費者の権利を定め、包装や食品表示は消費者の知る権利と規定する。食品表示法公布（二〇一三年）に伴い、衆参両院は「ＴＰＰ交渉に当たり遺伝子組換え食品などの食品表示は消費者の安全・安心のため万全を期す」と決議した。ＥＵ・日本・韓国の消費者の食品安全認識レベルは国際的に高い。逆にアメリカ・カナダ・ブラジルの消費者は遺伝子組換え食品を拒否できない。食文化の差異である。

ＴＰＰは、国際機関と各国の定めた食品安全制度の改変を迫る。二一分野のうち、④衛生植物検疫の改変は、リスク評価とリスク管理の食品安全の脅威に、⑤貿易の技術的障害除去は、リスクコミュニケーションの包装や食品表示など消費者の知る権利の脅威となる。衛生植物検疫協定（ＷＴＯ附属書）は、食品安全の基本ルールを定め、各国は保護水準を定めうる。国際植物防疫条約は、生態系の異なる各国の防疫基準を、相互に保証する。ＴＰＰはこうした国際基準原則を尊重すべきである。

衛生植物検疫措置の意見の相違は、ＷＴＯ（世界貿易機関）の紛争解決機関により裁定される（アメリカ産リンゴの日本向け輸出のＷＴＯ紛争処理制度による裁定は、火傷病の科学的根拠の判定をめぐり、不確実な証拠能力を攻撃するアメリカの強力な交渉力によりなされ、日本の消費者の反感をかった）。たとえば狂牛病問題で、外国牛の輸入制限を生後二〇ヵ月から三〇ヵ月に緩和し、全頭検査を廃止した（二〇一三年）。カナダ開催のＴＰＰの首席交渉官会合は、衛生植物検疫協定の「二国間で規制に関する見解が相違したとき、植物検疫の専門家同士による協議で解決する仕組みを導入する」と合意したとする。

グローバリズムは食料供給連鎖（フードサプライチェーン）の「規制の整合性」と制度改変を求め、食品安全の脅威である。遺伝子組換え作物の市場占有率は、「ＴＰＰのためのアメリカ企業連合」役員のモンサント社（米七二・九億ドル二七％、住友化学パートナー）をはじめ、デュポン社（米四六・四億ドル一七％）、シンジェンダ社（スイス二五・六億ドル九％、遺伝子組換えイネ開発）、グループ・リマグレン社（仏一二・五億ドル五％）の四社で五八％を占める寡占構造である。

国際アグリバイオ技術事業団によると、遺伝子組換え作物の総作付面積（二〇一三年）は一億七五二〇万ヘクタールに達し、世界の農地の一〇数%を占め、国別の遺伝子組換え作物はアメリカ（七〇一〇万ヘクタール）、ブラジル（四〇三〇万ヘクタール）、アルゼンチン（二四四〇万ヘクタール）、インド（一一〇〇万ヘクタール）、カナダ（一〇八〇万ヘクタール）、中国（四二〇万ヘクタール）が上位を占める。作物別遺伝子組換え作物は大豆（八四五〇万ヘクタール）、トウモロコシ（五七四〇万ヘクタール）、綿（二三九〇万ヘクタール）、ナタネ（八二〇万ヘクタール）が先行する。除草剤や農薬耐性の遺伝子組換え作物は多国籍農薬企業へ大市場を提供する。マイクロソフト社のビルゲイツ財団は助成金の四〇%をモンサント社などの種子開発へ投ずる。

かくしてアメリカ政府・モンサント社・ビルゲイツ財団に象徴されるアグロ複合体は、TPPにより世界食料戦略の主要ツールである遺伝子組換え作物の市場拡大をもとめる。各国の食品安全、消費者の知る権利である包装や食品表示制度の改変を迫っている。

EUは、遺伝子組換え作物を拒否する。EU・アメリカ自由貿易協定（二〇一三年）交渉は、牛肉や遺伝子組換え作物をめぐり対立し、EUの立法機関・条約批准機関である欧州会議は、アメリカ産遺伝子組換え作物に重大な懸念を決議した。独仏などのEU加盟国八ヵ国は遺伝子組換え作物の栽培禁止を貫き、厳格な食品表示制度を維持する。遺伝子組換え作物はほとんど流通せずに、モンサント社も欧州から撤退した。ブラジルなどから非遺伝子組換え作物大豆の輸入が増加する。EUはアメリカの「科学主義」とは異なり、食品安全「予防原則」を採用して、「疑わしい段階で規制する」。地球環境保全における国際的な常識となった一九九二年「リオ宣言」の予防的アプローチの適用である。日本食品リスク分析三要素、リスク管理の一部として、科学的情報が不完全な場合の選択肢である。

をはじめアジア各国が、アジア固有の食文化の伝統にもとづき、この食品安全予防原則を共通の食品安全枠組み（スキーム）として採用することを検討すべきである。

三　多国籍アグリビジネスとＴＰＰ

ＴＰＰは、貿易の関税障壁撤廃にとどまらず、投資の非関税障壁への攻撃を本質的な狙いとし、サービス・所得収支の海外投資収益確保を目的とする。上記二一分野のうち⑤⑧⑨⑮⑲、および投資家国家紛争調停（ＩＳＤＳ）条項などである。部門別に金融、保険・簡保、医療、社会保障、環境、労働の諸制度の改悪を包括する。ここが「毒素条項」の本丸である。多国籍企業は最大収益確保のため、所有の優位を防護し（⑧⑨⑮）、受入国の資源の優位を秩序化・ルール化する制度改変（⑨⑲投資家国家紛争調停条項）をせまり、市場の内部化の優位（⑮⑲）の非関税障壁の撤廃を求める。ＴＰＰは多国籍アグリビジネスの論理である。

日本の農業生産額は九・五兆円だが、トータルの食品産業産出は九四兆七五〇〇億円（農業食品製造業三六・三％、食品流通業二四・三％、飲食店二〇・三％）となり、国民総生産の一割を占める巨大産業であり、ＴＰＰのターゲットである。

「ＴＰＰのためのアメリカ企業連合」は、カーギル社とウォルマート社、ＧＥ社、ファイザー、フェデックス各社が共同議長を務め、モンサント、クラフトフーズ、マーズ、Ｐ＆Ｇ、マクドナルド各社が会員である。国際産業ロビーとして通商政策へ関与、企業共同利益を追求する。下院貿易委員会・公聴会の意見表明、米国通商代表部専門家諮問委員会メンバー、農業政策委員会・加工食品委員会で大きな影響力を発揮する。関税、内国民待遇、知的所有権、投資家国家調停条項へ介入する。オバマ政権トム・ヴィルサック農務長官は、「回転ドア」（政財官の人事交流）で政府入りした「モンサントの友人」と呼ばれ、アメリカ食品医薬品局へもにらみをきかす。TPPの首席交渉官会議やステークホルダー会合の圧力を強める。

これら巨大企業の対日要求はきわめて広範囲に及ぶ。米・乳製品・冷凍フライドポテト・チーズ・カット鶏肉の関税撤廃、遺伝子組換え作物義務表示・農薬残留基準・リンゴ検疫措置・添加物規制・狂牛病規制の改変を求める。指定乳製品の関税割当制・豚肉差額関税制度の輸出阻害除去、これが二〇一四年五月のTPPシンガポール緊急閣僚会合へ反映した。二一世紀情報革命下、食品産業はモジュール部品貿易などの多国籍アグリビジネスの付加価値連鎖（バリュー・チェーン）で成立する。TPPによる関税障壁・非関税障壁除去は、多国籍アグリビジネスの海外投資収益を拡大・最大化する。多国籍企業益と国益・市民益とのあいだで利益衝突となりかねない。

極めつきのTPPの「毒素条項」は、投資家と国家の紛争を解決する投資家国家紛争調停条項（ISDS）である。外国投資家がその国の政策・制度から不利益を被った場合、世銀の国際投資紛争調停センターに提訴し、相手国から国家補償を受ける。暴露されたISDS条項は、北米自由貿易協定や米豪自由貿易協定と同様、投資家の過度な特権を助長する。先例の米豪自由貿易協定では、タバコ企業フィリップモリス社がオーストラリア政府の包装規制法を提訴した。国民の健康と食品安全を脅かし、相手国の環境・福祉政策や公共政策などを、投資家利益に反する「間接収用（営利活動の制約）」として攻撃する。

二〇一二年発効の「北米自由貿易協定型」の米韓自由貿易協定の投資家国家紛争調停条項は、多くの紛争を惹起した。三星電子の反ダンピング・自由診療許可・国防部へ賠償請求・狂牛病（ＢＳＥ）発生後の輸入継続・ローンスター社銀行買収・エコカー減税延期・アメリカ牛肉急増＝韓牛被害補填などで、投資家国家紛争調停条項が作動している。韓国の公共益より外国企業の私有財産権・企業収益が優先される。

ＴＰＰを支えるＯＬＩ理論

ＴＰＰ流の現代版自由貿易論として、前著『アグリビジネスの国際開発』で解明したレディング学派のＪ・Ｈ・ダニングの多国籍企業の「ＯＬＩ理論」がある。これは多国籍企業の所有する情報・知的資産などの所有Ｏ優位を海外移転し、投資受入国の資源賦存Ｌ優位と結合、中間財・モジュール部品のグループ内貿易によりアーキテクチャー化する内部化Ｉ優位の、ＯＬＩトライアングルを示す。第一のＯ優位（所有の優位性 Ownership specific advantage）は、多国籍企業が所有する有形資産・知的資産・ブランドなどの輸出サイドからみた海外投資の推進力、プッシュ要因である。第二のＬ優位（資源賦存の優位性 Location specific advantage）は、投資受入国に賦存するさまざまな資源、たとえば土地・労働・インフラ整備・文化水準などの基礎要素に加え、グローバル化に伴う相手国の海外投資を受け入れる制度・法律改変、経済連携協定や、動植物の検疫制度、食品衛生の基準法規などの政策変化の要素を含み、海外投資のプル要因となる。第三の多国籍企業のO優位と投資受入国のL優位とを連結・直結するI優位（市場内部化の優位性 Market internalization advantage）は、付加価値品の価値連鎖（バリューチェーン）である食料国際貿易において、情報収集や価格リスク負担などの増大する取引費用を削減し、両者を結ぶ垂直的なパートナーシップであり、市場内部化の要因である。

グローバル化による多国籍企業のプレゼンスは、以上の三つの優位性を結合する。こうして「OLI理論」は、相手国への内政干渉的な政策を当然視し、もっぱら多国籍企業による世界経済のグローバル化を時代の趨勢とする帝国の論理と言える。

つまりTPPは、企業最大収益確保のため、受入国の法律・制度・習慣（資源の優位）を、「規制の整合性」によりアメリカ発ルールへ秩序化する。つまりアメリカ的企業論理によって経済社会構造の全体を改変する。「最後の最悪の自由貿易協定」である。ブラジル・アルゼンチンなどの南米諸国は、カナダ・メキシコが苦闘した「北米自由貿易協定型協定」を拒絶し、ラテンアメリカ域内主導の南米南部共同市場を選択した。日本も冷静に振り返る時期ではないか。

四　アジア共生の地域包括的経済連携

以上のようにTPPは、アメリカ主導のアジア戦略であり、アジア地域を分断し、アメリカ発ルールへ秩序化する。TPPは、非公開主義の闇のなかで、政財官アグロ複合体による謀略とリスクの経済外交ゲームである。スマートパワー外交の罠を仕掛け、日本の国益を棄損する。食料問題のみならず、健康保険・金融・公共事業の外国入札などで日本市場を収奪し、都市の貧困と農村の疲弊を加速する。金融とサービスとアグリビジネスを軸にグローバリズムを推し進める覇権国家型のTPPは、アジア地域統合のツールではない。

日本はアジア諸国との連携を強め、アジア地域とともに発展する戦略が不可欠である。「地域包括的経済連携」（ASEAN＋6（日中韓＋インド・オーストラリア・ニュージーランド）の一六ヵ国）がその途である。地域包括的経済連携（ASEAN＋6）は、域内の発展段階の多様な国々のもつ脆弱性（バルナラビリティー）と重要性・慎重性（センシティビティー）を包容する。それは多様性・包摂性のある「二階建てバス」のような複線型（二階層構造）の自由化である。地域包括的経済連携はまた、「域外にも開かれた自由化」を進める公開外交型である。アジア主導型である。農業・食品産業は、生産大工程を軸に、各国がフラットな網状組織（ネットワーク）間の分業となる。それぞれの分業の担当部分の機能を規格化する分担部分は、モジュール化・規格化する。それら規格化された単位を、情報技術を基礎として組み合わせる、全体を構築する様式（アーキテクチャー）を、アジア基準で統一する。そうして「アジア大の大分業」ができあがる。いわゆるバリューチェーンである。

食料・環境・エネルギーをはじめ、通商・金融・開発の「北から南」「南から南」の多角的な地域協力が推進力となる。発展段階と国家体制の異なる国々がもつ格差と多様性を活かし、相互に補完する多様性・異質性共存・異文化共生型である。先進国と途上国、新興国と後発国、市場経済と移行経済（国家市場経済）とのウィン・ウィン関係により、アジアの未来を拓く途である。

1　日本の自由貿易協定戦略

二〇〇二年外務省は「日本の自由貿易協定戦略」を公表し、戦略的優先順位として、アジア域内の関係強化・友好・外交戦略、重要品目を踏まえた東アジア地域の経済システム構築、日中韓＋ASEANを中核として、さらに大洋州を視野に入れる、という自由貿易協定戦略を構想した。二〇〇四年小泉内閣の『今後の経済連携協定の推進』は「東アジア共同体の構築を促す」とし、有益な国際環境の形成、進出企業のビジネス環境改善、食料安全保障、農業構造改革を掲げた。地域内の自由化と経済協力とを包括的に統合する経済連携協定である。こうした観点から言えば、TPP交渉への参加は日本自由貿易協定戦略との大きな「不連続・断絶」である。

「ASEAN＋3」から「ASEAN＋6」（地域包括的経済連携）へ

「東アジア共同体の構築」へ向けてのアジア連携は、ASEANを中核として日中韓が関わり広がった。二一世紀の世界の経済成長センターとしての東アジアの連携が進展し、相互依存経済が深化した。なかでも国連でも承認されている東南アジア条約機構が主体となるASEAN自由貿易圏は連携を深め、共通有効特恵関税から物品貿易協定、包括的投資協定へと進む。そして二〇一五年、ASEAN

経済共同体を創設した。このようなＡＳＥＡＮを中核とした広域自由貿易協定・経済連携協定は、ＡＳＥＡＮ＋３（日中韓）による東アジア自由貿易圏へ向かう途である。すでに第１章―第３章でみた、農林水産分野の地域協力である米の緊急共同備蓄、「東アジア（ＡＳＥＡＮ＋３）緊急米備蓄」や、「食料安全保障情報システム」などの地域協力は、このＡＳＥＡＮ＋３の枠組みでなされた。

さらにインド・オーストラリア・ニュージーランドが加わったＡＳＥＡＮ＋６による東アジア包括的経済連携の途があり、二〇一一年八月の日中共同提案「東アジア自由貿易協定および東アジア包括的経済連携の構築を加速するイニシアティブ」が生まれた。二〇一一年一一月ＡＳＥＡＮサミットのＡＳＥＡＮ共同体をめざす第三バリ宣言は、「地域包括的経済連携」（ＡＳＥＡＮ＋６）を提案した。ＡＳＥＡＮの求心力を高め、地域協力におけるＡＳＥＡＮの中心性を果たすとした。二〇一二年プノンペンＡＳＥＡＮサミットは共同宣言、基本指針と目的を発表した。地域包括的経済連携の基本指針は、ＷＴＯ（世界貿易機関）とも整合的で、サプライ・チェーンへの参加のために、加盟国の発展段階を考慮し、特別で差異のある待遇の柔軟性を持ち、さらにラオス・カンボジア・ミャンマーなどの後発加盟国には追加的な柔軟性を用意する。域外の自由貿易協定パートナー国の交渉参加も開放する。途上国や後発国への技術協力と人材育成を行う、とする。

「地域包括的経済連携」の交渉分野は、①物品貿易、②サービス貿易、③投資、④経済協力と技術協力（発展格差の縮小・相互利益の最大化）、⑤知的財産権保護、⑥競争（国家体制・能力差認識の協力）、⑦紛争解決、⑧その他である。地域包括的経済連携は、加盟国の発展段階の違いや、国家組織体制（レジーム）の多様性を考慮し、特別の待遇、柔軟な交渉、後発加盟国への追加的柔軟性を装備する。さらに途上国や後発国への経済協力や技術協力、人材育成を支援する地域協力条項を包括し、貿易自由化と経済技術協力を統合する経済連携協定である。ＴＰＰとは異質の発展段階の多様な国々のバルナラビリティーに柔軟に対応するダブルデッカー（二階層構造）型の自由化である。「アジア各国はＴＰＰより地域包括的経済連携を優先」（日本貿易振興会レポート）「ＴＰＰの推進力が落ちるほどアジアは地域包括的経済連携へ肩入れする」（日経）と受け止められた。アジア各国にはコンセンサス方式と漸進主義のＡＳＥＡＮ流が受容される。

アジア地域統合の課題

他方で、「地域包括的経済連携」の問題点は、ＡＳＥＡＮをハブとし六ヵ国をスポークとする多様な内容をもつ六つの「ＡＳＥＡＮ＋１自由貿易協定」を束ねることから、各協定が錯綜する「スパゲッティー・ボール問題」が発生する。すでに東アジアは食品産業も含め「工場アジア」と言われ、貿易と投資によるサプライ・チェーンの網の目が形成される。それを結ぶスポーク、各国間の異なる多数の絡み合いが、取引費用を発生させる。したがって地域包括的経済連携には、食品産業の中間財・原材料・モジュール部品のネットワーク分業を市場で内部化し、取引費用を削減する経済システム（原産地規制と累積規定、分割輸送、ルール調和）を構築する課題がある。

アジア地域統合の将来展望に関して、ＴＰＰと「地域包括的経済連携」との相乗効果を期待する見解がある。地域包括的経済連携とＴＰＰの統合効果を比較すると、①世界人口に占める比で四〇・一％と一一・四％、②世界経済に占める国民総生産比で二九・五％と三八・四％、③日本の貿易額比で四六・六％と二七・五％、④日本の直接投資残額で三〇・八％と四一・七％である。将来のアジア成長のポテンシャルと域内ネットワークを考慮すると「地域包括的経済連携」に軍配があがる。

さらに「ＴＰＰの自由化が地域包括的経済連携の自由化のレベルを高め、補完と融合をすすめる」という見解もある。しかし両者には文化思想と戦略構想の大きな差がある。ＴＰＰは規制の撤廃と制度の改変によって「アメリカ型の資本主義」へ構造改革するものであり、発展段階の異なる国には容易には受け入れがたい。したがって日本はＴＰＰのみにのめり込むのではなく、繁栄する東アジアとの共存と共栄の途を切り拓く「地域包括的経済連携」を選択すべき時期にきた、と考えられる。つまり「東アジア共同体の構築」という原点へ回帰することである。

ＡＳＥＡＮ＋３（日中韓）からＡＳＥＡＮ＋６への地域拡張には、大国インドの加入がある。インドは一二億人の巨大人口を養うために「公的分配システム」による食料安全保障政策を重視し、インド食糧公社よる米・小麦の買上制度など米や牛乳などの必要食料の自給体制をとる。さらに膨大な貧困層が食糧配給を受ける公的分配を実行している。

こうした制度改革と関連して、各国のセンシティビティーに配慮した地域包括的経済連携のもつ「加盟国の発展段階を考慮し、特別で差異のある待遇の柔軟性」の特質の発揮が期待される。他方では、「アグロ・グローバリズム」を代表するオーストラリアは、国内市場の狭隘性、イギリスへの食料輸出がＥＵに制約される中で、「地域包括的経済連携」に対して、ＡＳＥＡＮと中国という巨大市場へのアクセスへの期待が大きい。そのため日豪自由貿易協定の大筋合意のように地域包括的経済連携の構造へ配慮した戦略をとる可能性が高い。

2　鍵となる日中韓の協調

アジア地域協力の地域包括的経済連携への途を展望するとき、ASEANの求心力や地域協力におけるASEANの中心性がキーファクターである。しかし同時に北東アジアの日中韓三ヵ国が高い次元の協調関係を創出し、経済連携を実現することが不可欠である。とくに日本はアジアで最初の先進国となった国であり、過去にアジア地域に多大な苦難を及ぼす戦争の悲惨な歴史をもつ。それ故に、海洋領土問題の軋轢を乗り越え、戦後のEUのように歴史的和解を共同体へ前進させる、アジアの経済協調・地域協力を基本戦略とすべきである。

日中韓自由貿易協定の試み

日中韓自由貿易協定実現にむけて、二〇〇三―〇九年に、日本の総合研究開発機構NIRA、中国の国務院発展研究中心、韓国の国際経済政策研究院の三シンクタンク間の共同研究が実施された。福田内閣の「戦略互恵関係」のもと、二〇〇九年一〇月の日中韓サミットで日中韓自由貿易協定の産官学共同研究が開始された。一二年三月に報告書が公表され、一二年五月の日中韓サミットで交渉開始に合意した。一三年三月第一回会合（ソウル）で進め方や交渉分野を、一三年八月第二回会合（上海）で物品・サービス貿易、競争を、一三年一一月第三回会合（東京）でさらに投資や知的財産をとりあげた。関税削減の基準を定める農業保護削減ルールを協議し、各国の慎重を要する分野、センシティビティーに配慮する方針が明確化された。中国から日本へ輸入する唐揚げなど冷凍食品に使われる鶏肉調整品、冷凍野菜などの重要品目、センシティビティーの扱いが注目される。

食料安全保障を協議する「食料」分野も立ち上がっている。二〇一五年一一月の三年半ぶりの日中韓首脳会議は、包括的かつ高いレベルの日中韓自由貿易協定の交渉加速への努力で一致した。問題は「包括的かつ高いレベル」の内実で、日本は自由で公正な経済圏をめざし、中国は「一帯一路」（新シルクロード構想）による中国の資金と韓国の先端技術でアジア市場を開拓する中韓自由貿易協定をモデルとする。

日中韓自由貿易協定策定にむけた産官学共同研究（日中韓FTA共同研究委員会、二〇一三年）は、①農林水産業、②製造業、③サービス、④投資、その他に⑤貿易技術障壁、⑥衛生植物防疫、⑦知的財産権、⑧透明性、⑨競争政策、⑩紛争解決、⑪産業協力、⑫消費者安全、⑬電子商取引、⑭エネルギー、⑮水産業、⑯食料、⑰政府調達、⑱環境、という広範な分野を対象とした。政策提言では、第一に包括的かつ高いレベルの協定、第二にWTOルールとの整合性、第三に相互主義と互恵にもとづくバランスのとれた成果でウィン・ウィンをめざす、第四に各国のセンシティビティー分野に対してしかるべく配慮する、の四原則を掲げた。

なかでは、日中韓自由貿易協定の影響として、①農林水産業について、消費者がより安価で幅広い農産品を入手でき、輸出者の相手国へのアクセス改善などの利益がある。中国は野菜や果実など集約的な一次産品輸出、日韓は付加価値の高い加工品輸出を増加させる。しかし日中韓貿易は非対称な効果、利益分配の不公平が生じ、日韓の国内農業へ深刻な影響がある、と危惧を示す。こうした懸案事項に対処し、日中韓農業の持続的発展に寄与するため、センシティビィティーを考慮し、関税削減のみでなく、互恵のウィン・ウィン関係を築けるよう日中韓経済連携を深化・強化すべき、と提言した。また⑫消費者安全では、「日中韓政策協議会」をはじめ、消費者安全協力の推進、能力向上・技術交流・情報共有を掲げた。⑯食料では、食料安全保障に共同で対処し、ＦＡＯ（国連食糧農業機関）と連携し、農業を成長させ、食料自給率を向上させる。相互に農業技術の開発と移転を奨励し、食品安全を確かなものにするプラットフォームを提供する、と提言する。関税交渉のみならず、日中韓の検疫制度の共通化、品種・ブランド知的所有権の共通ルール化、労働移動や経営者進出、農業構造改革・農地集積の相互支援などの三ヵ国ルールの確立である。

食料・農業・農村における共通点

日中韓三ヵ国の農業は共通の特質をもつ。アジア・モンスーン型の小規模な農業経営が主体である。日中韓三ヵ国の農業生産総額は、日本一〇一一億ドル、韓国四一七億ドル、中国八三五二億ドルと、農業大国の中国が突出する。しかし農業構造をみると、その経営規模は各国ともに共通して極めて小規模である（図表7）。歴史的に数千年の重みをもつ稲作と家族農業を主流とするアジアの農業構造の共通性である。

これに対して一八世紀からの新開国（新大陸国）のアメリカの大規模な農場平均規模は一九六ヘクタール、オーストラリアはさらに二七〇〇ヘクタールと超絶し、旧開国（旧大陸国）・農場制のＥＵですら一五ヘクタールと格段の差がある。それゆえ日中韓三ヵ国では国境調整と農業保護政策が共通

図表7　日韓中3ヵ国の農業構造

	農家世帯数（万）	耕作総面積（万 ha）	1戸当たり耕作面積（ha）	農業生産総額（億ドル）
日本	252	459	1.82	1,011
韓国	120	174	1.45	417
中国	25,975	15,864	0.61	8,352

して行われ、消費者への食料供給を支えてきた。

日本・韓国の農業保護を見ると、国内生産に占める政策支持の比率（政策支持率）は、日本六四%、韓国七四%、また輸入価格に対する国内価格の比率（名目保護率）は、日本二・九七、韓国三・三七と、いずれも高い。中国も関税割当・二次関税で米・小麦六五%と高い。農業保護の高さは日中韓三ヵ国農政の共通性である。米が主食のひとつであり、その単位面積当たりの高い生産性と人口扶養力を活かして、米などの主要穀物を国内で自給する国家体制をめざしてきた。

とくに日本と韓国の農業はよく似ている。米だけは自給するが、畜産・野菜・果樹・花卉へシフトし、資源の制約と農家の高齢化、都市化、農村から都市への人口移動によって食料の輸入依存度が高く、食料自給率は極めて低い。両国はこうした「食料生産小国」「食料純輸入国」の立場から、WTO（世界貿易機関）ドーハ・ラウンド農業交渉ではスイスなどとの食料輸入国グループとして、食料安全保障と各国農業の共存を提唱した。

日本と違う韓国の特徴は、韓国経済は国内市場の狭隘性、ウォン安・輸出急増から、国民総生産に対する貿易依存度は八七%（二七%の日本の三倍）に達し、自由貿易協定政策を活発に推進した。韓米自由貿易協定や韓豪自由貿易協定に対して、農業部門は影響を抑えるため、米は例外、現行関税維持、季節関税のセーフガード、一〇年以上の長期撤廃などの多様な方法で対応したが、深刻な影響が予想される。さらに、国内対策として韓牛への被害補填直接支払いなどを実施し、畜産・園芸など高付加価値産品の輸出・ブランド育成戦略によって農業改革を進展させた。

中国の経済成長と巨大な食料供給力

改革開放から中国経済は飛躍的に成長した。いまや世界第二の経済大国で、「世界の工場」「世界の市場」となった。まず第一段階の九〇年代に「引進来」戦略のもと、外資導入政策をすすめ、沿海部に「世界の工場」が形成された。食料食品産業における海外直接投資を受け入れ、沿海部は外国企業・日系企業の野菜・果実・畜産・加工食品などの付加価値食料を生産する食料生産基地となった。ついで第二段階の二〇〇一年のWTO加盟に伴い、経済成長と過剰資本の形成を踏まえ、中国独自の方式を含む「走出去」戦略・対外投資政策を推進した。

二〇〇五年、ASEAN中国自由貿易協定が締結され、重要（センシティブ）品目・高度センシティブ品目以外のノーマル・トラックは一〇年関税撤廃し、アーリーハーベストの先行引下げを実施した。ASEAN・フィリピン・タイ・ベトナムからの果実輸入の貿易赤字は二―四億ドルとなる。さらにアフリカ、中央アジア、東欧、南米へ多元的な対外投資を展開し、世界経済との一体化を進めた。いまや「世界の市場」として国民総生産に対する貿易依存度は七三％に達し、中国は多元的な「グローバル海洋通商巨大国家」となる。WTO（世界貿易機関）ドーハ・ラウンド交渉ではブラジル・ロシア・インド・南アフリカなどの新興国と連携し、途上国グループの中軸として、農業交渉もリードした。

中国の食料農業政策は、一三億人の巨大人口を養うため、米二億二七五万トン・小麦一億二二〇〇万トン・トウモロコシ二億一七〇〇万トン・大豆一二二〇万トンなどの穀物、いわゆる「糧食」の自給戦略を基本とする。穀物生産六億一九四万トン（二〇一三年）に及ぶ巨大な食料供給力国である。広大な内陸国家として、米は南の長江流域や華南の水の豊かな地域を主産地とする。これに対して小麦・トウモロコシ・大豆は北の黄河淮河地域、東北平原、汾水渭水地域、河套地域、甘粛新疆地域など、かつての遊牧民の支配地域で畑作や牧野のある地域を主産地とする。肉類・畜産消費の拡大に対応する飼料確保としてトウモロコシを一〇年で九〇％も増産した。不足する食用油の大豆はブラジルなどから五八〇〇万トン（世界の六〇％）の大量輸入を開始した。さらに付加価値食料の輸出戦略の拠点として沿海部の食料生産基地がある。

糧食・穀物の増産をバックアップしたのは農業保護政策である。主な政策は直接支払い補助金と最低価格買付制度である。米・小麦・トウモロコシの生産費は、キロ当たり各二・一七元（一元＝約一六円）、二・〇九元、二・一四元と高騰し、生産者価格は各二・七六元、二・一七元、二・二二元と支持され、農民に有利な農業所得をもたらす。農業構造政策では、農業労働力の都市流出と高齢化の中で「誰が農業をするのか」（誰来種地）を問い、新農業経営体系として農民専作合作社や食料流通・加工企業の「龍頭企業」と農民との契約生産など、巨大農地面積をもつ大規模経営による低い生産コスト供給をめざしている。

WTO加盟以降には、国内価格と国際価格が連動する段階を迎え、開発経済学のアーサー・ルイスが指摘するように、途上国発展がある段階に達すると、成長の転換点により労賃が上昇、安価であった食料価格が上昇し、内外価格差は逆転する。国際競争力のコスト圧力による低下である。また中国にもセンシティビティーをもつ農業部門が生まれ、大豆・サトウキビ・綿花などは減少傾向にある。食料自給を維持するための農業技術・水の開発、持続可能な農業の確立、地域格差の是正が課題となっている。

日中韓・ASEANにおける戦略的互恵の食料貿易

日中韓自由貿易協定は、日韓の国内農業へ深刻な影響がでる可能性がある。

図表8のように、①アジアの米貿易は、ASEAN・タイ・ベトナムの輸出が突出する。中国はベトナムから輸入し、日韓のミニマム・アクセス米を輸出する。日韓が米関税を撤廃すれば、中国国内のジャポニカ米による高品質価格米へのシフトがおこりかねない。②アジアの野菜・果実貿易のうち野菜は、中国が圧倒的な輸出力をもつ。日韓ASEANへ輸出し、ASEAN・タイは中日へ輸出する。果実は、中国が温帯果実を日・韓・ASEANへ、ASEANが熱帯果実を日・中へ輸出する。中国産果実の日本輸出は品質と植物検疫から制約される。③飲料をふくむ加工食品貿易は、日・韓から域内に二〇億ドルが輸出されるが、中国・ASEAN・タイの日本向け輸出力が圧倒的である。ASEAN＋3域外への輸出も大きい。

また日・中間の食料貿易では、中国から日本への野菜輸出が増加し一〇億ドル以上の黒字である。中国の加工食品の日本輸出が旺盛で、一〇〇億ドルの黒字の半分を占める。中国沿海部へ進出した日

図表８　日中韓・ASEAN 相互間の食料貿易（2010 年）

①米　　1000 トン

		輸入			
		日本	中国	韓国	ASEAN
輸出	日本	−	0	0	1
	中国	47	−	182	13
	韓国	0	0	−	0
	ASEAN	284	1403	63	4369

②野菜・果実合計　　100 万ドル

		輸入			
		日本	中国	韓国	ASEAN
輸出	日本	−	10	0	10
	中国	1355	−	580	3466
	韓国	95	24	−	29
	ASEAN	392	1690	73	589

③加工食品　　100 万ドル

		輸入			
		日本	中国	韓国	ASEAN
輸出	日本	−	165	196	233
	中国	4414	−	889	1595
	韓国	812	384	−	268
	ASEAN	3375	1082	507	8400

注）「ASEAN 輸出→ ASEAN 輸入」は、ASEAN 加盟国間の域内貿易。
資料）*Global Trade Atlas.*

系食品産業の販売・利潤となる。二一世紀情報革命のなかで、日・中間の食品産業が、食材中間財・原材料・冷凍モジュール部品のネットワーク分業、「食品モジュール化」を進め、日中食料経済が一体化した。フードチェーンにおける食品安全性の日中協力、日中韓ASEAN間協力が不可避となる。

　中国農業は「糧食」自給戦略をとる。食料自給率が極めて低い日韓とは対照的である。低労賃・低コストの国際競争力があり、国内価格と国際価格が連動し、需給変動が貿易を調整弁とし、世界やアジアの食料貿易に大きな影響を及ぼす。日中韓自由貿易協定は、特定部門に打撃を及ぼさないよう慎重な対応が求められる。各国のお互いに敏感な部分、センシティビティーに配慮し、関税削減だけではなく、戦略的互恵のウィン・ウィンの関係を築けるように日中韓の経済連携を深化・強化する課題がある。長期的にみると、成長する東アジアは食料不足・食料危機を迎える可能性がある。日中韓三国の食料食品産業の抱える共通性に依拠した「戦略的互恵の食料共通政策」が展望される。

五　世界の食料グローバル戦略の四タイプ

ここで食料安全保障の基本とフード・セキュリティー論の観点からみて、世界の食料グローバル戦略をタイプ化してみたい。

1　自由貿易型のフード・セキュリティー論

第一は、イギリス型の米英基軸の自由貿易型であるフード・セキュリティー論である。浅川芳裕『日本は世界5位の農業大国』（二〇一〇年）は、日本農業のもつポジティブな成長可能性に注目し、「農業は成長産業」である、とする。特に「日本農業成長八策」を提案する。つまり、①民間版PFI方式の市民・レンタル農園を整備し、②作物別マーケティング組織を構築する。③農業技術のライセンス化により農業の国際的なソフト産業化をすすめ、「科学ベースで国際競争に勝つ」とする。④まず「大きな可能性を秘めた農産物輸出」を拡大する。⑤農水省の輸出検疫へ一〇〇〇人規模で配置し、検疫体制を強化する。⑥国際交渉担当の人材を登用する。⑦さらに「農家も海外で経営するという発想」を持ち、「若手農家の海外研修制度」（一〇〇〇億円、一人一〇〇万円で一〇万人派遣）を拡充する。⑧そして農家による海外の農地取得に対する「海外農場の進出支援」を財政的にすすめるとする。

さらに浅川は「本当の食料安全保障とはなにか」を問い、そのモデルをイギリス政府の自由貿易型のフード・セキュリティー論に求める。「先進国の自給率向上政策」は、膨大な在庫や途上国の輸出を阻害し、外部へ依存を脱却できず、誤りとする。フード・セキュリティーは、国内の食料自給と同一視するのではなく、「入手先の多様化と発達した貿易関係」が担保し、さらに農業生産資材の確保、資源調達、エネルギー安全保障とリンクする国家のリスク・マネージメントの課題とする。政府は、農業経営者が独立事業者として、国内・海外の顧客開拓を可能とするマーケット機能を尊重すべきであるとする。まことに楽観的な自由貿易論である。

浅川が依拠するこうしたイギリス型で自由貿易型のフード・セキュリティー論は、アメリカやオーストラリアなどのケアンズ諸国、大農制の強力な食料輸出国と共通する政治哲学である。イギリスの農政の基盤は、その特殊な歴史的な農業構造に由来する。他国に例を見ない国家権力による議会エンクロージャーを実施し、旧開国で大規模農場制を形成したイギリス農業は、小麦の高い国際競争力をもつ。ＥＵへの加盟は遅れたが、加盟後は共通農業政策の対外課徴金と輸出補助金の国境調整により、不得意な野菜・牛乳部門でも自給率を向上させた。さらに国際関係では、パックスブリタニカで掌握した食料輸出国で新開国のオーストラリア・南ア・カナダや、インドなどの旧植民地をコモンウェルズとしてゆるやかな連携を保っている。

そうした国際関係により選択しうる自由貿易型のフード・セキュリティー論は、EUのなかでも特異なものである。自由貿易型の議論は歴史先進地域フランドル由来のオランダなどでみられるが、筆者が参加した「欧州農業経済学会」でも、イギリスと独仏間の研究者による論争となった。歴史的に小農制の伝統をもつフランスやドイツなどの大陸欧州は同調していない。EUの農政は、共通農業政策による域内自給政策を基本哲学としており、その立場は不変である。EUの内部にも二つの潮流がある。さらに零細な農業構造をもつ旧開国の日本やアジアの途上国は、農業のない都市国家シンガポールなどの例外はあるが、自由貿易型の選択は不可能である。あまり現実的な仮説とは言えない。

2　韓国の食料自主権論

第二に、韓国などの新興経済国を基軸としたフード・セキュリティー論が新たに登場した。すなわち、「食料国内自給率」の追求から、自国企業による海外の食料生産とその食料調達を組み込む「穀物自主率」の目標化へ転換する、「食料自主権論」である。

世界的な食料危機を経て二〇〇九年、韓国政府は「海外農業開発基本計画」を決定した。自由貿易協定を相次いで締結、農産物輸入が増加し、韓国の食料自給率は一層低下している中で、外国で農地を取得しトウモロコシ・大豆を生産する自国企業や、集荷・流通企業の買収・提携により、外国で食料を生産・調達する国内企業の支援を決めた。二〇一一年に韓国政府は、同国企業が外国で確保した穀物輸入量も「自給」として国内生産に準ずるとして、「穀物自主率」を設定した。二〇一〇年の穀物自給率は二七％（重量）であるが、二〇二〇年には「穀物自主率」を六五％に高めるとし、内訳として国内生産三二％、外国確保分三三％とした。そのため、二〇〇九―二〇一二年前期までに九四六ウォン（六六億円）を助成した。自国企業は外国で二五万一五六〇トンの穀物を確保したが、その大半を相手国販売や輸出などに仕向け、韓国に輸入したのは九九〇トンにすぎない。目標と大きくかけ離れている。

さらに二〇一二年一月に韓国政府は、海外農業開発協力法を施行し、九月「海外農業開発総合計画」（二〇一二―二一年）を決めた。カナダ・アメリカ、ブラジル・パラグアイ・アルゼンチン、ロシア（アムール州・沿海地域）、ウクライナ・黒海沿岸、ベトナム・ラオス・カンボジア・ミャンマー・フィリピン・インドネシアなどの重点開発地域を定めた。また外国確保分の目標を三五％へ引き上げた。

中国もブラジルと連携してアフリカの現地の農地取得へ向かっている。「新興国戦略が拓く日本農業の可能性」という副題のある井熊・三輪『グローバル農業ビジネス』は、このような韓国などの新興国の農政を念頭においているのかもしれない。「日本式農産物」の現地生産・現地販売の戦略に、現地の農地取得が加われば、戦略モデルとしてはかなり近い。

韓国は、食料純輸入国として日本と共通し、零細な農業構造をもち、これまで食料自給率の向上をめざしてきた。スイスなどとも連携し、WTOでは食料純輸入国グループを構成した。しかし韓国は、人口が四八一八万人にとどまり、かつ南北に分断され、国内市場が狭小である。日本のように内需はなく、海外市場への依存性が極めて高い。国家の形が違う。しかも二〇〇九年の「海外農業開発基本計画」以降は、やや領土膨張的な雰囲気のある自由主義経済論の農政へ向かっている。上述のごとく「穀物自主率」で見る限り失敗である。食料安全保障は安定せず、アグリビジネスの暴走が懸念される。

FAO（国連食糧農業機関）や世界銀行は、一部の新興国による資本の無制限な海外農地の取得は投機的な要素をはらみ、対象となる後発途上国の食料増産を阻害する、と警告を発している。日本政府も、同様に海外農地取得は、囲い込みであり、制限すべきという申し入れを国際機関にしている。しかし、韓米自由貿易協定の締結以来その反発から、韓国では牛肉の国内消費へトレーサビリティーを導入し、海外産輸入牛肉と国産韓牛との区別を鮮明にした。そこから健康志向の消費者がリードする形で、狂牛病（BSE）の危険のあるアメリカ産牛が敬遠されて、国産韓牛の消費が伸びている。このあたりに着地点がある。

3　食料統治権による途上国型食料安全保障論

第三は、FAO（国連食糧農業機関）の食料統治権による途上国型食料安全保障論（フード・セキュリティー論）である。すでにみたように、食料安全保障は、「全ての人が、常に活動的・健康的生活を営むために必要となる、必要十分で安全で栄養価に富む食料を得ること」である。人間の安全保障の観点から、飢餓と食料不安の解決が課題となる。食料危機以降、途上国は食料輸入への依存に限界があり、食料安全保障と国内農業の増産支援とがリンクする視点が強化された。食料自給をめざす途上国では、広域・国家マクロレベルの食料入手可能性、地域社会・メゾレベルの食料配分、世帯ミクロレベルの栄養摂取の三層のフード・セキュリティーが問われる。食料安全保障は、「生存権である食料への権利」であり、自由貿易と多国籍企業依存は、食料連鎖を長距離化し、食料安保を脆弱化する。むしろ食料統治権（food sovereignty）は、農業者の存立支援や地域食料システムの管理、自然との共生によって具体化される。

二〇一一年五月FAOの「節約して栽培する（Save and Grow）」、小規模農家による持続可能な農作物生産の強化のための政策立案者ガイド」は、環境負荷を減らし生態系に依拠する包括的エコシステム・アプローチとして、農民の種子システムと地域種子企業への支援、土壌を肥沃化する保全農業、品種、総合的病虫害管理、水管理、作物・家畜・森林統合を組み合わせ、小規模農家を主体とする「知識集約型システム」への支援を提唱した。これが途上国型のフード・セキュリティー論の最前線である。現代世界では地球環境の保全や持続可能性を前提とする「緑の成長」（グリーン・グロース）、小規模農民の生存権への配慮が求められている。

4　地域経済統合による道

第四は、一国レベルの統治を超えて域内各国の連携および地域経済協力、さらに地域経済統合によって、地域内の食料安全保障を相互に確保するリージョナル・フード・セキュリティー論である。EUの共通農業政策は、域内自給政策を基本哲学とする。南米のブラジル・アルゼンチンなど四ヵ国で結成された「南米南部共同市場」も自由貿易にEU型の関税同盟を結合した途上国互酬型の地域経済統合である。域内諸国の農業競争力を確保し、域内食料供給力・自給力を高めた。本書では東アジア地域の独自のフード・セキュリティー地域協力のささやかな努力を検証してきた（第1章―第3章）。ASEAN（東南アジア諸国連合）と日本・中国・韓国の一三ヵ国が参加する「緊急事態のための米備蓄協定」は、二〇一二年七月一二日に一〇年間の検討を経て、加盟各国の批准・承認を経て、正式に発効した（東アジア（ASEAN＋3）緊急米備蓄）。

5　世界の動向と日本

日本農政の立ち位置は、食料・農業・農村基本法に示されるように、国民食料の安定供給をはかる「食料安全保障」と農業の公共財としての役割を発揮する「農業の多面的機能」の二本の柱に準拠する。食料安全保障（フード・セキュリティー）は、①安定的な食料供給を目的とする食料輸入の確保・多様化、②平成の稲作凶作などを踏まえ、国内米生産力の過剰とリンクした米備蓄の確保、③零細農業構造と国内市場のポテンシャルを踏まえた国内農業の持続可能な発展、つまり食料輸入・米備蓄・国内農業発展という三種類のソースに立脚する。

「緊急事態のための米備蓄協定」は、②国内米備蓄を前提とする政策展開である。第8章にのべる日本産食料の輸出戦略は、「攻めの農政」の視点から、③農業の持続可能な発展をグローバル市場・海外消費者と結合し、かつ農業構造の改善・体質強化を指向する。これらは国内農業のもつ多面的機能と公共財としての性格を発揮し、公共政策としての現実的選択である。経済連携協定による域内貿易の促進や、知的資産による国際貢献と地域協力を基本にしている。以上が食料安全保障とフード・セキュリティー論における世界の動向と、そのなかでの日本とアジアの相対化された位置である。

六　和解と共生のアジアの未来

アジアの食料・農業問題の解決は、地域分断のＴＰＰではむずかしい。日中韓自由貿易協定を核とし発展させ、アジア共生の「地域包括的経済連携」へつなげ、東アジアの論理を周辺地域へと押し広げることである。東アジアの論理は、発展段階や歴史的な国家体制の異なる国のもつ個々の脆弱性と重要性とを包容するゆるやかな自由化である。食料のグローバル化に伴い、食品安全問題や食料安全保障は、これまでの国民国家の枠組みのみでは解決できない。ＥＵでは国民国家がその多くの機能を共同体へ委譲し始めている。アジアが主導し、域外にも開かれた公開経済外交として、自由化と地域協力が推進力となる基本方向が、二一世紀には見通せるのではないか。国民国家の相互間に存在する、格差と多様性をむしろ活かし、相互に補完しあい、異質が共存し、異文化が共生する関係である。アジアの未来を拓く途として、多様性と包摂性の二つの文化哲学が抱きあうような根本理念のもとに、共生関係をめざすべきではないか。新しい国際秩序である。つまり未来志向の発展性と相互の協力性との二つの戦略が作用することで、地域の正義と平和は抱き合うことができる。

ASEANと日本の外交

第二次大戦後の日本は、吉田茂首相の経済中心主義・軽武装・日米安保の「吉田ドクトリン」にそって、東南アジア賠償外交を開始した。すなわちビルマ・フィリピン・インドネシア・南ベトナムと賠償協定を締結し、マレーシア・シンガポール・タイとは準賠償の経済協力を開始し、贖罪と和解、経済活性化をめざした。戦後賠償は、一九六〇年代に政府開発援助（ODA）に切り替わり、日本企業の東南アジア進出を加速させた。一九七四年の田中角栄首相のASEAN歴訪を経て、一九七六年に「福田ドクトリン」がだされた。

当時、外交官の谷野作太郎によると、福田ドクトリンでは、①日本は軍事大国にならない、②心と心が触れ合う相互信頼関係の確立、③日本とASEANは対等なパートナーである。特にASEAN各国の連帯性と強靱性の強化への日本の積極的協力と、社会主義化したインドシナ三国とASEANとの相互理解の熟成、という三目標が設定された。つまりインドシナ諸国とASEANと間で共存共栄の関係を創り上げる、という目標である。その後にベトナムはカンボジアへ派兵したが、平和協力がみのり、ようやく一九九〇年のカンボジア和平によってこの「福田ドクトリン」の世界が実現する。ASEANの強靭性とは、包括的な安全保障、つまり軍事のみでなく、経済成長や法の支配を含む総合安保を実現することが目標となる。

一九八七年と一九八九年の竹下首相のASEAN歴訪は、「平和のための協力」をめざしカンボジア和平へ貢献する。一九九五年の戦後五〇周年には、閣議を経て村山首相の談話がだされ、「わが国は、遠くない過去の一時期、国策を誤り、戦争への道を歩んで国民を存亡の危機に陥れ、植民地支配と侵略によって、多くの国々、とりわけアジア諸国の人々に対して多大の損害と苦痛を与えました」と表明した。加えてアジア諸国との交流、核兵器の廃絶、軍縮の推進など、その後のアジア外交を定めている。二〇〇三年の日本ASEAN首脳会議は「日本ASEAN行動計画」を定め、東南アジア友好協力条約への日本加盟を実現した。二〇〇八年に日本ASEAN包括的経済連携協定を調印、二〇一一年には「共に繁栄する日本とASEANの戦略的パートナーシップ」のバリ宣言を決めた。

こうした関係史のなかで、二〇一三年の「安倍ドクトリン」のASEAN外交五原則は、①人類の普遍的価値である思想・表現・言論の自由、民主主義、基本的人権の定着、②「公共財」の海洋における法とルールの支配、③自由でオープンな経済関係のネットワーク、④アジアの多様な文化的つながりの充実、⑤未来を担う世代の交流と相互理解、をかかげ、経済とエネルギー、海洋の安全保障の協力を述べている。

ASEANと日本との経済関係は、以上の外交・政策関係を受けながら、相互依存の深まりと対等な関係への深化として特徴づけられる。二〇一三年のASEANの国民総生産GDPは日本の四八%に達し、一人当たりGDPではシンガポール・ブルネイが日本を凌駕し、ASEANから日本への輸出には一次産品に加えて自動車・家電製品など工業製品が並び先進国同士の貿易関係に近づいている。投資・援助・人の移動は双方向に変化し、相互依存が深まっている。つまりかつての「南北」間の垂直分業から水平分業へと構造が変化しつつある。日本の海外直接投資残高は、対ASEANが一二・二%と、対中国の八・七%を上回っている。特にタイは日本企業の最大の投資先であり、四一%と圧倒的な比重を占めている。こうした日本の海外投資の結果、ASEANからの工業製品輸出が増加してきた。

本書が解明するアジア食料安全保障へのささやかな地域協力の努力もこの方向に沿うものである。戦争は飢餓と貧困への道である。食文化は平和な時代に開花する。農業・農村は「いくさのない世」において豊かに発展する。「人こそ資産」である。この古今東西、万国共通の歴史の教訓にしっかりと学びたい。

アジア地域統合と共同体

本書で「地域」(region)とは、近隣国家を束ねるもので、EU(欧州連合)やASEAN(東南アジア諸国連合)などを想定している。ある地理的領域に存在する諸国家が、軋轢を超えて共同で平和と繁栄をめざし、政策協調や地域協力を進める。地域制度を設立し、運営する、単なる国家の集合体以上のまとまりを現出させせようする地域構築の場である。つまり「国境を超えたコミュニティー」

「われわれとしての地域」形成である。地域的に近接する国が利害を共通しつつ、政治経済・安全保障・文化社会の協力関係を構築する。

「地域統合」は、国民国家の管轄権を、諸制度を伴う新たな中心へと移行する。E・ハースは、社会経済の地域協力が蓄積され、政治的な地域協力へ波及する統合とした。K・ドイッチェは、人々の間に共同体意識や規範が共有され、平和への信頼が生まれる「安全保障共同体」「不戦共同体」とした。J・ヴァイナーは、関税同盟や自由貿易協定は、世界体制を補完する。B・バラッサ・モデルは、関税同盟など国家の経済ユニット間の差別が廃止され、国民経済の枠を超えた経済単位が創出されるとした。地域共同体としての「欧州共同体」(EC)の経験は南米にも波及、ブラジル・アルゼンチンなどによる内発的な「南米南部共同市場」を生んだ。

そしてアジアも、グローバル化と経済成長に伴い共通の連帯感や同族意識、アイデンティティーを持ち始めている。「地域協力」は、地域内の相互依存経済を深化させて、国境を超えた物・金・人・情報の交流を活発化し、社会的経済的なまとまりを現出する。

アジアの地域統合は、いくつもの「地域の単位」が錯綜し重なっている。TPPへの「アジア太平洋」、ASEAN共同体の「東南アジア」、ASEANに日中韓を加えたASEAN+3の「東アジア」、インド・オーストラリア・ニュージーランドを加えたASEAN+6、さらに「東アジア・サミット」、「拡大東アジア」の地域包括的経済連携、というさまざまな地域統合が重なる。いわば「重層的地域統合」が併進する。特に一九九七年アジア通貨危機後に「東アジア」が地域協力の現実性を持ち始めた。

日本の共同体構想は、小泉首相のＡＳＥＡＮ＋３の基礎の上に立つ東アジア共同体構想、鳩山首相の自立と共生の友愛・博愛の絆の道、東アジア共同体構想がある。グローバル化と情報革命の進展は、アジアでも「地理と歴史を終焉」させ、地域統合の二一世紀を迎えつつある。「ポスト覇権の多極化世界」において、アメリカの覇権は終わりつつあり、資本主義による外延的な収奪の基盤となった地理的な辺境が失われた。中国・インド・ロシアが台頭し、くずれつつあるアメリカの覇権を再構築するための米中関係の模索、日米関係の再構築、「ユーラシア大循環」のもとでの、アジア地域統合が展望されている。

補論　台頭する中国と東アジア

一　中国脅威論と日米中の三極関係

世界における中国経済の重要性が拡大しつつある。これとどう対応するか。日米中の三ヵ国をめぐるアジア太平洋の三極関係は、相互依存経済を著しく深めており、とくに米中関係、日米関係、日中関係のいずれもが世界史上に、前例のないものである。そこでの尖閣をめぐる日中対立という問題である。あるいは中国の南シナ海の岩礁への基地構築というASEAN諸国との軋轢である。これらをきっかけにした日本国内の中国脅威論は、歴史的な世代継承の中国蔑視感情と「脱亜入欧」「欧米憧れ」志向の裏返しにねざしている。

中国国内の日本警戒論には、アメリカの軍事力を基礎とする「日米同盟脅威論」がある。さらに日本へのコンプレックス・ねたみ・反発に加え、世代継承の古い八路軍の抗日戦と反日イメージにねざす。しかし感情ギャップは世代交代と日常の日中交流で薄れつつある。かつての植民地時代や米ソ対立の時代とは異なる。ベトナムにとってかつての中越紛争は深刻だったが、両国は国境を越えて高速道路も通じ、経済・運輸・産業集積（クラスター）において相互に依存する。そのなかでの南シナ海の問題である。そこで、日米中の三極関係を大きな世界史的な帰趨から整理しておきたい。

第一は世界経済、つまり世界経済の構造転換である。新興経済国の経済発展が世界をリードし始めた。つまりポスト覇権の多極化世界への転換であり、それを舞台とする。つまりアメリカの衰退に替わって、中国とインド、さらにロシア、ブラジル、アルゼンチン、南アフリカが台頭し、旧来の先進国構造から、多極化世界へと転換した。

第二にアメリカ、東西冷戦後における「軍産経政の超大国」アメリカはゆらぎ始めた。アメリカ一極の覇権は終わりつつある。そもそも資本主義の蓄積を可能とし、かつて西・蘭・英・米・仏による地球上の外延的な収奪の基盤となった、地理的な辺境はもはや存在しない。辺境フロンティアの終焉とともに、欧米中心の覇権システムは意味を失い、終焉を迎えた。またアメリカはＷＴＯでの主導権発揮に失敗し、権威を喪失した。つまり世界経済を統御してきた、「米欧日先進国三極」の構造、トリプル関係は終わりを告げた。

第三に中国、世界経済の中でのアジアの成長、とくに中国は一党独裁、つまり「六％の共産党員による一四億人の統治」「軍が党のなかにある」「政官同一」という一党独裁・権力集中・民主主義否定と、党中央が経済と巨大国営企業をコントロールする国家資本型という特異な道により、著しい資本主義経済の発展を遂げた。かつての内陸閉鎖経済の人口大国から、開放型経済大国へ、しかも「世界の工場」から「世界の市場」へと連続的にステップを駆け上がった。そして今日「グローバル海洋通商経済大国」、海への進出へと変貌しつつある。さらに長期的には、人口大国の故に、国民総生産の経済規模は、やがて超大国アメリカへ迫る勢いすら予想されている。

第四に世界の中の中国。中国は二〇〇一年のWTOの加盟から、巨大な資本主義経済として世界経済システムに組み込まれる。したがって、いわゆる「チャイナ・リスク」も変化した。たとえ中国経済が危機を迎えても、あたかもEUによるギリシャ危機の救済のように、投資母国は、共倒れを防止するため、世界経済全体で中国を救済する体制をとるであろう。また中国は、政治腐敗・汚職、貧富の格差、北京など大都市の大気汚染、河川・湖沼の汚染、農村戸籍制度や「農民工」「山猫スト」など問題が山積みであるが、そうした自らの弱点の改善をはかろうとしている。

経済面では、まず国営企業の改革と民営化、外資への開放化、金融・財政改革である。さらに中国経済政策は民生重視へ舵を切る。つまり教育・社会保障・農林水産（食糧）・公共事業の四本柱の民生部門へ予算の四七％を集中した。成長目標を二桁から七％へさげた。年一四〇〇万人が農村から都市へ流出し労働力となるが、一人当たり国民総生産は日本の一〇分の一で、世界九〇位にとどまるなかで、さらなる国民生活向上をめざしている。つまり輸出依存の外延型の第一次資本主義から、内需中心の内包型の第二次資本主義経済への転換である。かつて日本の歩んだ道である。こうして、国内消費は増大し、ますます貿易・投資と、消費・信用のパイプを通じて世界経済との緊密な相互依存関係を深化させている。

第五に、世界経済の多極構造への転換である。こうして米欧日先進国三極関係から、新たな新興経済国および先発途上国、その結束にもとづく発展の構造へ転換した。つまり世界経済は「三＋α」の四極関係、多極構造へ転換した。

第六にアジアの中でのアメリカ。アメリカは中近東や南アジアから、東アジアへと回帰し、アジア太平洋重視の「リバランス」戦略へ転換した。アメリカ経済の成長と雇用拡大のため、最もダイナミックに発展するアジアへの進出を選択した。とくに米中関係の安定化による経済依存を強めている。

第七に日米中関係のなかの日本。日本は中国およびＡＳＥＡＮをはじめとするアジア経済へ、ますます緊密に結びつく。一方で、現段階の日中関係は経済や企業活動のレベルにおける相互依存を深化させている。他方で、同時にそれと併存しつつ、戦後・講和後の日米関係は、サンフランシスコ体制のもとで軍事・政治・経済の緊密な相互依存における安全保障体制を法制化してきた。この日米関係と日中関係の重層的な関係におかれた日本である。

第八に日米中関係は、第一に「米中関係」における経済の相互依存の安定化と、軍事・政治の覇権争奪、中国からみたアメリカの軍事力への脅威感、第二に「日米関係」における軍事・政治・経済の緊密な相互依存による安全保障体制、第三に「日中関係」における経済と企業活動レベルにおける緊密な相互依存の深化と歴史・領土をめぐる政治対立、中国にとっての「日米同盟脅威論」という、異なる三側面の二国間関係の複合体として成立している。

以上の日米中の三極関係を大きな舞台として念頭におけば、いわゆる中国脅威論へは慎重に対応したい。むしろ政治的な障壁となっている尖閣の領土問題や歴史問題の軋轢を解きほぐし、お互いの正義を尊敬しながら、平和と未来志向の関係を深める共同作業が大きな力となる。ベイツ・ギルは、習近平政権の中国外交は、鄧小平の「韜光養晦《とうこうようかい》」（力を溜めて将来に備える）から胡錦濤政権の「和偕《わかい》世界《せかい》」（互恵の調和的発展）へと流れる外交を基本的に継承した、と評価する。

たしかに中国軍部の南シナ海への展開は、周辺のアジア諸国への脅威となる。しかし中国外交の基本は、汚職や国営企業、地域格差や社会保障などの国内問題に専念するために、対外緊張緩和を志向し、近隣諸国の疑念を払拭し、アメリカとの米中関係を保つ、という安全保障政策と言われる（ギル『巨龍・中国の新外交戦略』）。二一世紀の半ばまでにはアメリカと肩を並べる大国となりたい、「米中・新大国関係」という古来以来の「中華思想」を想起する中国外交戦略である。日本の役割は、中国のナショナリズムと軍部の独走を回避し、日中関係が負のスパイラルにならないよう、近隣諸国とも協力と共生のメカニズムを構築する地道な努力を重ねることであろう。そして中国と比較しても遜色のない日本の独自の力を磨くことである。

二　中国とＡＳＥＡＮ

ＡＳＥＡＮの地域経済統合

第一にＡＳＥＡＮ地域経済統合のプロセスをふり返っておきたい。黒柳米司・金子芳樹・吉野文雄編著『ＡＳＥＡＮを知るための五〇章』（明石書店、二〇一五年）がよくまとまっている。ＡＳＥＡＮ（東南アジア諸国連合）は、一九六七年に原加盟国五ヵ国で結成されたのち、域内の地域紛争を克服し、自律性と経済社会プロジェクトによる広域対話と経済協力を進展させた。当初の海洋部の東南アジアから大陸部の東南アジアのインドシナをも包摂しながら、一〇ヵ国へと拡大、いまやEU（欧州連合）につぐ地域協力機構として評価されている。

一九六七年のバンコク宣言（ASEAN宣言）は、非公式主義の起点であり、地域制度の中核は年次外相会議や常任委員会などの会議体であり、ASEAN事務局や常駐代表委員会など、EUと比較して極めて簡素な組織機構を定めてきた。ASEAN憲章の発効後では、首脳会議と調整理事会、政治・経済・社会の各三つの共同体理事会、および常駐代表委員会が頻繁に開催されている。

域外国とも会議開催による地域連携・協力の手法をとる。一九九四年のASEAN地域フォーラム（ARF）には北朝鮮も加え、一九九七年のASEAN+3には日本・中国・韓国を加え、二〇〇五年の東アジア・サミットには三ヵ国にロシアやアメリカをも加えた。主権の一部を委譲するEUとは異なり、各国は主権を侵害せずに、主権の相互尊重と内政不干渉、コンセンサス方式による意志決定を約束する「ASEANウェイ」（ASEAN的な物事の進め方）をとってきた。

弱小国の連合機構にとって、EUのような、主権を委譲して地域統合の巨大な官僚機構を設立するなど考えられない。メンバー間の交渉と協議を通じて決定する機構である。強制力を持たないので、「スコアカード」（成績表）で実施状況を公表する。主要目的は、東南アジア友好協力条約で示された「地域の平和と安定」であり、主権・独立・平等・領土保全の相互尊重、相互的な内政不干渉、武力行使の放棄（第二条）などの精神の具体化である。

ASEANの経済協力も急速に進展し、一九八九年に設立されたアジア太平洋経済協力（APE

C）にも原加盟国が参加し、貿易の自由化・円滑化、開発経済協力に賛同し、「開かれた地域主義」をすすめた。一九九二年からASEAN自由貿易地域の確立を求め、関税引き下げと外資依存の輸出指向型工業化を進め、一九九七年のアジア経済危機からは直接投資の呼び込みを強化し、二〇一五年にはASEAN経済共同体を発足させるまでに至った。単一の市場と生産基地、関税撤廃が最大の成果である。無理せずに段階的に進め、「遅々として進む」と評される。競争力ある地域をめざし、公平な経済発展と先行ASEAN六ヵ国と後発の四ヵ国との格差是正、および地域経済圏構想などの域外やグローバル経済への統合が課題となる。

ASEANと中国

第二にASEANと中国との関係を概括しておこう。ASEAN加盟国の経済における中国のプレゼンスは二一世紀に入って急激に高まった。国家資本主義と呼ばれる政府主導の中国経済は、消費よりも国営銀行や海外からの投資先導で成長し、購買力よりも生産力が先行して拡大した。その結果、巨大化した国内市場の超過供給分を、外国へ大量に輸出することになる。ASEANにとっては中国の経済攻勢と受け取られかねない。中国は一九九七年のアジア経済危機以降も、急成長を続けて影響力を高め、「世界の工場」「世界の市場」と呼ばれ、直接投資の受入先として急速に台頭、ASEAN各国に大きな圧力となった。中国はASEAN地域の潜在的脅威として認識されてきた。

こうした経済攻勢のなかで、他方では一九九一年からASEANと中国の公式交流を開始し、一九九七年にはASEAN＋3のメンバーとした。さらに二〇〇〇年にASEAN＋1形式の貿易協定の協議を開始し、二〇〇二年にASEAN中国自由貿易協定に署名した。

これに対して、政治的な外交・安全保障をめぐっては、ASEAN特定国と中国との軋轢が強まった。ポスト冷戦期のASEANは、一九九二年に中国が「領海・接続水域法」で南シナ海全域を領海に含めた事に対して、平和的解決を求めた。外相会議共同声明の「新たな戦略的曖昧さ」を外交指針とし、ASEAN主導型の安全保障の広域対話を軌道にのせてきた。

南シナ海問題

第三は争点となる南シナ海問題である。南シナ海には、プラタス諸島（中国名「東沙諸島」）、パラセル諸島（西沙諸島）、マックスフィールド岩礁群（中沙諸島）、スプラトリー諸島（南沙諸島）があるが、一九六九年の国連の海底資源探査の結果、石油・天然ガスの存在が期待されて、島礁をめぐる領有権争いが激しくなった。第二次大戦後のサンフランシスコ講和条約で日本がこれらの領有権を放棄したが帰属先は定められなかった。中国（中華民国＝現在の台湾、ならびに中華人民共和国）は、南シナ海全域をおおうU字状の境界線（九段線）を宣言し、線内全島礁の主権を主張した。ベトナムはパラセル諸島の主権を主張、中国・台湾・ベトナムはスプラトリー諸島の主権を主張、フィリピンが五三島礁、マレーシアが一五―一七島礁、ブルネイが一島礁の主権を主張している。

一九七四年のパラセル諸島の中越交戦、一九八八年のスプラトリー諸島の中越交戦によって、ASEAN沿岸諸国は中国の南下に警戒心をもってきた。ASEAN中国関係は、外交交渉や行動規範、係争当事者間の行動宣言、共同石油探査による解決をめざしたが、二〇一〇年の「南シナ海は中国の核心的利益」という見解表明以降、中国はかたくなな姿勢となり、海洋強国をめざし、中国海警局や中国海軍が展開する。二〇一二年から岩礁に埠頭や滑走路を造るための人口島の埋め立てと拡張を行い、三沙市への格上げを行った。さらに二〇一四年防空識別圏設定を検討し、緊張感を高めてきた。フィリピンは国際仲裁裁判所へ、南シナ海の全域に主権が及ぶとする中国を提訴し、二〇一六年には「九段線に根拠なし」とする判決がだされた。

三　台頭する中国の覇権

こうした国際行動規範と国際法を無視して強硬な海洋進出を強めてきた中国をどう理解したらよいのか。中国の変化をみておきたい。アメリカは現段階の中国をいかに評価しているのか、アメリカの対中政策にかかわってきた二人の論者の見解を検討したい。元国務副次官補・政治学のトーマス・クリステンセン教授と、国家戦略思想論のマイケル・ピルズベリー国防総省顧問の二人の著書である。

習近平政権の選択

まず、プリンストン大学の政治学教授で、東アジア太平洋担当の国務副次官補を歴任したトーマス・クリステンセンは、『中国の挑戦――台頭する覇権の選択形成』のなかで、中国は経済と軍事の両面でパワフルな力を持ち始め、米国と中国とは太平洋をはさむ巨人として関係しており、その国際的な影響力は、経済規模・貿易・投資受入で世界のトップに近くなり、中国が失敗することの世界への影響は極めて大きい、とする。中国は一九七八年以降、また冷戦終了後の世界で急速に存在感を高めてきた。したがって、こんにちの国際課題であるテロ・武器拡散・金融安定・気候変動などに、「ただのり」(free-riding) ではなく、グローバルな協力と多国籍的な解決によって「責任ある利害関係者」として大きな役割が期待される、とする。

しかし中国はこの期待には沿わずに、この数年の間に、それまでの経済による平和的台頭のソフト路線から、覇権をもとめる強硬な対外路線、軍事的台頭へと舵をきった。つまり建設的な政策から、反動的で保守的な政策へ転換した。その国内的な要因は、民衆のナショナリズムの高まりであり、国内の不安定から、長期的な独裁政権の正当性と社会的安定を維持することを重視する。とくに軍、国有エネルギー企業、主要輸出企業、地方の党エリート、などの多くの官僚機構が政策決定に関与し、国際社会とのソフトな協調路線をとれば、自らの利益が損なわれる集団が、中国の外交政策へ影響を持ち始めた。

二一世紀の習近平政権は、これらの集団の利益を調整して大戦略へと融合する意志と能力がなく、グローバルパワーとして、「台頭する覇権」(Rising Power) をめざす政策体系を選択してきたのである。国内圧力集団は、世界的に阻害された国々との協力、国家主権の拡大をもとめる解釈、米国や同盟国、欧州連合、日本や韓国との緊張関係からむしろ恩恵を受ける立場にある。メディア・評論家も、中庸な国際協調主義的な方向ではなく、党と軍のタカ派的なナショナリスティックな方向へと傾斜している、と評価した(『中国の挑戦』)。

局地的強国から世界覇権へ

つぎにハドソン研究所中国戦略センター長で、米国政府、共和党の対中国の防衛政策を担当した、国防総省顧問のマイケル・ピルズベリーによる中国の国家戦略の思想基盤をみておきたい（ピルズベリー『China 2049 ――秘密裏に遂行される「世界覇権一〇〇年戦略」』）。中国の国家戦略は、歴代王朝の知恵、孫子の兵法や戦国策に導かれ、「勢」（force）と「無為」、老子の「道」の思想にもとづく。敵が従わざるを得ない状況をつくり、打ち勝つ神秘的な「勢」である。国内圧力集団で『人民日報』傘下の『環球時報』に代表される党と軍の保守反動派（タカ派）は、この「勢」の観点から、革命一〇〇周年にあたる二〇四九年までに、世界の経済・軍事・経済のリーダーの地位を米国から奪取する、「世界覇権一〇〇年戦略」（一〇〇年マラソン）をめざしてきた。その思想基盤は、戦国時代の「覇《バ》」（ヘゲモニー）をめざす策略、覇権的国家戦略である。

これまで語られず極秘にされていた「世界覇権一〇〇年戦略」の野望は、二〇〇九年に初めて国防大学大佐・劉明福の『中国の夢』で表明された。そして二〇一三年に習近平は「強中国夢」や「中華民族の偉大な復興」を国家目標にかかげ、あるいは「新しい形式の大国関係」「太平洋二分割論」として打ち出した。さらに一帯一路・シルクロード構想や「アジアインフラ投資銀行」として実現し始めている。孫子の兵法や戦国策による戦略思想は、「スパイを活用し、偽情報を流し情報操作する。優れた思想や技術を盗む。国内の反政府の動きを徹底弾圧する。敵の同調者をいじめ、協調関係を分断する」という。これはまた三国鼎立の基盤を築いた「赤壁の戦い」（二〇八年）の軍事戦略（『三国志演義』）、「勢」（force）そのものであり、伝統的手法である。

現在の中国は「局地的強国」にすぎないが、将来は多数の極が存在する多極世界の一極となる。しかし多極世界もある過度期にすぎず、終局的には中国をトップとする秩序、「大同」＝「和偕世界」、つまり「中国一極支配」を目標とする。かつての秦王朝のような「中国帝国」の再来、中華民族の偉大な復興を夢見て、世界覇権戦略を唱える。こうした国家戦略「世界覇権一〇〇年戦略」のもとで、南シナ海への海洋進出は、資源を求めた太平洋軍事戦略であり、世界覇権の一環である。つまり「世界覇権一〇〇年戦略」は、経済の平和的台頭のイメージを装いながら、覇権をもとめる軍事的台頭を準備してきたのである、とする。

こうした中国脅威論については、著者としては慎重を要するように思われる。習近平政権の成立前夜においては、平和と未来志向をめざす和偕政治を継承する国際協調の流れ、相互依存経済の重視が支配的と考えられてきた。習近平政権の成立に伴い、国内改革を優先するために、クリステンセンやピルズベリーの指摘する覇権をもとめる強硬な保守反動の動き、パワーポリティックスをも取り込んできたのかも知れない。しかし習近平政権最高首脳部の指導性確立へ向けて、両者のバランスが大きく動くことは考えにくい。

中国の国家戦略の思想基盤は、老子や孫子による「覇をめざす国家戦略思想」が、一つの潮流として在ることはこれまでも指摘されてきた。しかし同時に、政治思想の根幹に、孔子を祖とする「五常の徳性」（仁、義、礼、智、信）の「人を思いやる思想（仁）」があり、徳による王道で天下を治めるべきであり、武力による覇道を批判してきた。「修身、斉家、治国、平天下」「経世済民」（『大学』）は、広く知られている。中国政治思想として、この「仁の思想」の根幹によって周辺諸国をも包摂していく限り、海洋進出などによる覇道は一般性を持ち得ないのではないか。むしろ、こうした動向に注意し国家統治力を高め暴発を抑える相互努力が重要である。

パワーバランスを競い合う前世紀の手法ではなく、東アジアから太平洋への社会経済的、文化教育的な相互依存関係を一層深め、ASEAN+3（日中韓）における平和と共生の国際秩序を強化していく、未来志向のヒューマンポリティックスの道が求められる。食料安全保障の地域協力のささやかな努力は、この方向へかなうものではないか。

南シナ海をめぐる覇権の闘争史

そこで南シナ海をめぐる主権と領有権はいかなる歴史をあゆみ、いかなる正当性があるのか、覇権をめぐる闘争史をみておきたい。

BBC記者のビル・ヘイトンは、世界体制の中での南シナ海の覇権をめぐる闘争史を克明に描いている。先史時代から現代までを克明にフォーローした上でヘイトンは、現代中国の南沙諸島領有の論説とは異なり、アジアの内部に南シナ海を所有した国や人は、中世に至るまで存在しなかった、とする。やがて一六世紀の西欧列強の世界進出、いわゆる大航海時代には、スペインのマゼランやポルトガルのダ・ガマが、東南アジアにも進出した。一五二九年のサラゴサ条約により、両国の支配地域を分割する線引きがなされ、スペインはフィリピンを、ポルトガルはマラッカ・インドネシアをそれぞれ支配した。一七世紀にはオランダが強力な火力で、ポルトガルとの争いを経て世界で覇権を握り、一六四八年のウエストファリア条約では領土・国境の概念を確立した。バタビア（ジャカルタ）を拠点に、南シナ海をも支配した。一七世紀末から一八世紀には、清朝の中国商人は南シナ海に進出し、多くの中国移民が移り住み、列強の拠点都市でも中国人労働者を雇用した。一八二一年に、東インド会社の英国人ホーズバンは、南シナ海の海図を作成し、パラセル諸島やスプラトリー諸島も記入されていた。中国はこれらの事情を全く認識していなかった。「ヌサンタオ」(南の島の人々)は陸の権威からは独立して生活した。

一九世紀の初め、国家の概念は二つあった。一方の、旧来のインド化された「マンダラ」国家体制によれば、地域支配序列を持つ権威は、中心から遠ざかると減少し、国境は流動的であり、南シナ海の海上はあいまいであった。もう一方の西欧諸国はウエストファリア条約で、領土・国境の概念を確立し、国家は境界により領土と住民を支配する政治単位であり、固定的な国境をもつ。流動的な国境と固定的な国境という二つの国家概念の対立である。

西欧列強のうち、遅れて参入したフランスは、一八五八年にベトナム・ダナンを砲撃し、カンボジアやアンナンを保護領とし、「コーチシナ」を植民地化、仏中戦争によって北部のトンキン湾を仏領とした。米国は、一八五三年ペリーの砲艦外交によって日本に開国をせまり、一八九八年にフィリピンを領有した。こうして、南シナ海への列強の進出と、覇権をめぐる闘争、植民地の分割化のなかで、海の線引きがなされた。

清朝の中国は、列強の蹂躙と国内の腐敗、旧態依然の封建体制のなか、打つすべもない。いち早く近代化し、憲法と議会を開設、天皇制と近代常備軍制を整備し、世界帝国システムへ順応した日本との日清戦争にも敗れて、朝鮮・台湾を失った。清朝・中国は中華思想のもと、「マンダラ」的国家秩序の認識しかなく、スプラトリー諸島は存在すら知らなかった。一九三〇年フランス軍艦・マリシューズ号が、スプラトリー島沖合に錨を下ろし、礼砲を放って領有を公表した。中国は、フランスへ抗議すらできなかった。台湾を領有し、スプラトリーで民間業者がリン鉱開発をしていた日本は、フランスに対抗してスプラトリー一三島を「新南群島」と命名して領有宣言を強行した。やがて太平洋戦争が始まり、一九四二年フィリピン駐留の米軍が降伏すると、一九四五年一月まで、南シナ海は、沿岸の台湾からシンガポールまで、日本が支配する「日本の湖」と化した。このように第二次大戦の前には、南シナ海の島の領有権をもつ国はなかった。戦後の一九五二年、サンフランシスコ講和条約で日本がスプラトリー諸島の領有権を放棄したが、その帰属先は不問に付された。

ヘイトンは、南シナ海をめぐる歴史をふり返って、「マンダラ的国家体制から、ウエストファリア的国家体制への移行」が、現代中国が資源を求めて、一九五三年に作図した自国領土を示す「U字型ライン」（九段線）を生み、ASEAN諸国はこれを認めず自国の領有権を主張する、という歴史的混乱を生み出した、と結論している。

著者が思うに、以上のように「南の島の人々」が住む南シナ海の歴史は、いずれの国もこの地域に領有権をもつことがない歴史であった。そこへ、一六世紀以降の列強の植民地支配と分割という、苦しい負の遺産が持ち込まれ引きずられている。つまり近代におけるアジアの伝統的な小権力分立のゆるやかな連合国家秩序に対して、西欧がもちこんだ集権的な近代国家と国境のタイトな概念とが対立する不幸な歴史であった。したがって地域紛争の解決は、軍事的な手段に訴えることなく、お互いの主権を侵害せずに、国際法と行動規範の相互尊重と内政不干渉のコンセンサスを得て行うという、平和的な話し合いによる地域共同体としての解決こそが望まれる。ＡＳＥＡＮ＋３（日中韓）における食料安全保障の地域協力でみてきた、共同体の互酬性の原理が活かされる未来志向の歴史創造こそが求められている。

第8章　日本産食料の輸出戦略

周知のように、日本の食料・農産物の輸出入バランスは、圧倒的に輸入超過である。その海外輸出は極めて少ない。したがって、「輸出を語る前に、国内生産を増産して、自給努力をすべきである」という論調が一般的であった。たしかに、国家としての食料自給の総合的な努力は一層進めるべきである。食育は消費者が国産食料を摂取し、日本型食生活を維持し、健康増進をめざす。また国民の食のリスクを回避し、食料を自給することは、国家の独立に不可欠である。さらに「飢餓からの自由」という憲法で保障された基本的人権、生活権は擁護すべきである。

しかしEUや多くの先進国を見ても、狭まってくる食料の国内市場の限界を打開し、国内の農業生産を発展させ、生産力を維持するために、農産物輸出をはかっている。日本においても農業を保持するためにも、海外への輸出振興は重要な選択肢なのである。

ちなみに、食料自給率は、食料供給量に対する国内生産量の割合「国内生産量÷食料供給量」で示される。ここで「食料供給量＝国内生産量－輸出量＋輸入量」だから、

食料自給率＝国内生産量÷（国内生産量－輸出量＋輸入量）

となる。この数式では、輸出量が増大すれば分母が小さくなり、食料自給率を上昇させることになる。

ただし、実態としても輸出が食料自給力を支えると言えるためには、①途上国に見られるような国内の食料需要を無視して輸出を強行するような「飢餓輸出」ではなく、国内で食料が需要に見合って安定的に消費者に供給されていること、②仮に相手国の事情などで食料輸入が制限されるような場合に、輸出にむけられていた農業生産力を適切に必要な国内生産に切り替えられるような農業力を培っておくことが条件といえよう。長期にわたる日本農業の安定的な維持を見すえての総合的な観点からの農産物輸出振興策が今、求められている。

二一世紀の情報革命下のグローバル化の進展は、世界各地で、日本産食料の「和食ブーム」を引き起こした。特にアジアで成長しつづける経済は、豊かさを実感する高品質食料を需要する分厚い富裕層を生みだした。日本ブームである。それ故に、こうしたアジア富裕層を対象とした「日本産食料の輸出戦略」の構築が喫緊の課題となった。この側面もアジアの平和的な相互依存経済の深化を意味しており、今世紀には、いわば巨大な共通市場の形成を予感させている。

情報共有社会の中では、一方では、緊急米備蓄や食料安全保障情報により、各国・各地域における農業の現状と食料市場の動向がお互いに見えてきた。それは、逆説的ではあるが食料輸出戦略を構築する基礎知識ともなる。他方では、食料安全保障の地域協力の進展は、食料不足や飢餓というリスクへ対処するための、国家を単位とした「国家食料自給」が、必ずしも永遠に普遍性をもつ目標とは見なされなくなる段階を見通すことにもなる。ＥＵのような「地域食料自給」の行き方もある。翻って日本農業はどう展望できるのであろうか。

今後は生産の担い手の世代交代の時代を迎え、若者が働くためには、水田一本槍では立ちゆかなくなる。農業者が個性的な食品加工へ取り組み、直売やグリーンツーリズムを創業する「農業の六次産業化」（一次産業の農業生産サイドに、二次産業の農産物加工と三次産業の流通を取り込む。つまり一次産業×二次×三次産業＝六次産業）や、その延長上の食料輸出も一つの選択肢となってきた。農村の若者は、「世界へ通じる農業」へ自信を持ち始めている。それは、まだまだ萌芽のような市場ではあるとはいえ、ここで輸出についても光を当ててみたい。

「輸出は悪者だ、下手物だ」というネガティブ・イメージは、次第に変化の兆しを見せ始めた。リンゴなどの果樹農業から出発して米、野菜や和牛肉など付加価値品、加工食品など、輸出への関心は農村で広がってきている。日本農業と食品産業が蓄積してきた知的資産や技術力、集団の組織力の発揮である。輸出は、少なからぬ海外の消費者が日本文化の良さを知る機会となり、また日本の若い農業者が内向き志向を捨てて、世界を知る機会ともなる。こうした輸出のもつ国境を越えた文化交流としてのポジティブ・イメージが評価される時代を迎えている。本章で食料輸出をとりあげる所以である。

一　東アジア共通市場の可能性

1　経済成長と富裕層・中間層の台頭

まず第一に、アジアの成長を踏まえた食料安全保障の新しいあり方を比較し検証する。日本では少子・高齢化時代を迎え、日本国内の若年層が減少し、食料への需要が停滞ないし減退している。一方、アジア諸国の経済成長に伴い、所得を向上させた富裕層と上位中間層が分厚く形成され、消費需要を高度化させ日本食への消費ニーズを高めている。消費需要を高度化する「消費の階梯」（コンシューマー・ラダー）を登る、いわゆる「富裕層・上位中間層」が食の品質・安全志向を強める中で、食料消費の多様化とグローバル化は、日本食ブームを引き起こした。二〇一一年の東日本大震災による放射能汚染への不安から、一時、輸入減退が見られたが、安全ブランドへの信頼が回復してきた。

アジアには食文化の固有性があり、アジア食料市場も地域別、品目別に細分化された市場となる。食料のグローバル戦略は、食料開発輸入による「逆輸入」戦略をベースにしながら、付加価値食料の輸出戦略が創出された。さらに日系企業によって、現地で、日本の経営方式で生産するメイド・バイ・ジャパンの「日本式」農産物の生産と現地販売の戦略が開始された。

「東アジアの奇跡」といわれたアジアのNIES（新興工業経済地域）の台頭により、韓国（人口四八一八万人、二〇一一年、一人当たり国民総生産二万一六五三ドル、二〇〇九年）、台湾（二三二二万人、三万三八〇〇ドル、二〇一二年）、香港（八〇五万人、三万七二六ドル）、シンガポール（五〇九万人、三万六三八四ドル）の「四匹のライオン」（フォーライオンズ）の人口は、八四五四万人に達し、日本（一億二六五四万人、三万五六三三ドル）の所得水準と近接し、均衡し、シンガポール・台湾は日本を上回る勢いである。その四〇％を富裕層・上位中間層とすると三三八二万人である。所得水準と人口規模からみた東アジアの食料共通市場の第一の部分である。

人口大国の中国（一三億四九三四万人、三二五九ドル）は、沿岸部と内陸部との巨大格差を抱え、富と貧困との二重性を拡大している。一九八〇年代の改革開放、市場経済への移行により、広東省の珠江デルタへの製造業の誘致、一九九〇年代の上海などの揚子江デルタの金融業の誘致、二〇〇〇年代の天津など環渤海経済区の環境都市の開発を進めた。こうした海外直接投資を受けた地域に中間層が形成され、さらにこの土台の上に自国資本の蓄積による富裕層も生まれた。中国では、人口の一〇％の一億三四九三万人の富裕層・上位中間層が分厚く形成され、二〇二〇年代には人口二〇％の二億六九八六万人への膨張も予想される。東アジアの食料共通市場の第二の部分であり、第一と第二で、二億一九四七万人（一億六九七五万人）の巨大市場である。

東南アジアのASEAN地域も、域内の先発国と後発国との開発格差を孕みながらこの傾向を共有しており、国民総生産でみた所得の序列ではさきのシンガポールに続き、ブルネイ（四〇万人、三万一九〇一ドル）、マレーシア（二八四〇万人、八一一八ドル）、タイ（六九一二万人、四一一六ドル）、インドネシア（二億三九八七万人、一九一五ドル）、フィリピン（五三三六万人、一八四五ドル）、ベトナム（八七八五万人、八三五ドル）、カンボジア（一四一三万人、六四九ドル）、ミャンマー（四七九六万人、二五七ドル）が所得を増加させた。

購買力平価でみた一人当たりの国民総所得では、香港・シンガポールが日本を凌駕し、マレーシアも近接する。ASEAN地域の人口は、五億四六〇八万人（シンガポールを除く九ヵ国で五億四〇九九万人）に達し、その一〇％を富裕層・上位中間層とすれば、五四六一万人と推計される。東アジアの食料共通市場の第三の部分であり、以上三グループの合計は、二億二四三六万人となる。

以上のように、沖縄から空輸四時間以内の都市集積・拠点エリアに、日本人口の倍近い、富裕層・上位中間層からなる東アジアの食料共通市場が形成された。さらに視野を拡大すれば、南アジアのインド（一二億二四五一万人、一〇一七ドル）をはじめとする市場が登場しつつある。西アジアでは、中東のアラブ首長国連邦（七八九万人、三万九六二五ドル）などで、すでに日本を上回る富裕層が形成されている。アジア共通市場は、さらにウズベキスタン（二七八〇万人、一一九八ドル）など中央アジアを含む、南アジアや西アジアへ向けた回廊として拡張しようとしている。

アジア諸国の経済成長に伴い、ASEAN＋3（日中韓）の域内においても二億人余の富裕層・中間層が分厚く形成され、香港・シンガポール・台湾、ついで中国沿岸部の消費がリードしつつ、ASEANが続くという高付加価値の食料市場が「東アジア共通市場」を成熟させてきた。

2　食生活のグローバル化と日本食ブーム

アジア諸国での食生活の多様化

アジア諸国の経済成長の結果、分厚く形成され富裕層・中間層は、所得水準の向上に伴い、おしゃれな衣料や高品質・安全な食料をはじめ、自動車や家電、情報技術ＩＴ集約製品などへの需要を急増させた。ブラジル・ロシア・インド・中国・南ア諸国の新興経済国（ＢＲＩＣｓ）をはじめとする世界的な新興国群の経済成長は、個人一人当たりの摂取カロリーを増加させた。

世界食料市場では、トウモロコシ、大豆、小麦などの穀物価格は高止まりし、アジアの主食である米の価格も高い。「食料消費の多様化」が進展し、①一人当たりの穀物消費量の拡大に続き肉類を中心とした食生活へ移行してきた。②肉や乳製品は、良質なタンパク質であるが、家畜飼育にはトウモロコシなどの飼料用の穀物を利用し、穀物需要を押し上げる。動物性タンパク質の中でも家禽類から豚肉や牛肉へのシフトが進む。食肉一キロの生産に必要な餌（飼料用穀物）の量は、家禽類・鶏の四キロから豚肉の七キロ、牛肉一一キロへと増え、カロリー効率は低下するために、さらに穀物需要は増大する。同時に、タンパク質摂取が、豆類ではなく肉類中心に拡大すると、健康志向の高まりから、ビタミン・ミネラルなどの微量栄養要素を摂取するために、③野菜や果物などの青果物への需要が拡大する。

こうした栄養摂取構成の変化と同時に、社会的な食料ニーズとして、④外食の機会が増加し、あるいは⑤加工食品への需要が急増する。これに社会的地位（ステータス）向上に伴う「欲求」が加味されると、⑥ヨーロッパ・日本などの海外から輸入された食料への需要が高まる。さらに健康志向から食の安全志向が強まり、高級感のある食料、安全認証された食料、つまり⑦安全な付加価値食料を望むようになる。アジア諸国に分厚く形成され富裕層・中間層は、所得水準の向上に伴い、以上の穀物から肉類、青果物、外食、加工食品、輸入食料、安全な食へ（①→⑦）という「消費の階梯」（コンシューマー・ラダー）を駆け上がっている。

さらに世紀転換期における情報技術による情報革命とグローバル化は、「食のグローバル化」も進展させた。これまで、食生活は地域に固有の食文化であり、伝統的な食材と調理法が消費者に強固に選択される、と考えられていた。しかしたとえば中南米諸国のフードシステムでは、伝統的なイモ粉団子やトウモロコシのトルティーヤなどの粉食と豆類、テキーラなどの「伝統食文化」に加えて、宗主国が持ち込んだ小麦のパンや乳製品、肉類、ワイン・ビールなどの「外来食文化」とが融合して、地域固有の食文化を形成してきた。この傾向が世界の各地域へ広がり、そのなかで近年では炊飯米、寿司・天麩羅、ラーメン、枝豆、リンゴ、弁当（*BENTO*）、和食料亭・日本食レストランなどの日本食が、世界中に普及している。

「消費の階梯」（コンシューマー・ラダー）を駆け上がってきたアジア諸国の富裕層・中間層は、この傾向をいち早くキャッチアップした。健康志向、ダイエット志向から野菜や果物などの青果物への需要が拡大した。日本食レストランでの外食、カップ麺・エビセン・日本茶飲料などの日本製・日本式の加工食品、輸入食料の消費拡大である。

特にアジアの富裕層は、食の安全志向を強め、高級感のある食料、安全が認証された食料、つまり高品質で安全な付加価値食料を望むようになる。中国国内や華僑・華人グループでは、伝統的に野菜の摂取は植物油による加熱調理が中心であるが、カロリーを制限する健康志向からサラダとして野菜を生で食べる機会が若い世代を中心に拡大した。日本食の伝統は、比較的薄味で野菜や魚などの素材の持ち味を引き出すことを特徴とする。それだけ素材の農水産物それ自体の品質を重視し、流通過程においても冷蔵設備による鮮度管理、素材の食味保存を重視するシステムを開発してきた。

自国産農産物への不信

ところがたとえば中国では、自国産の農産物の安全性に対して国民・消費者の信頼がまったくない。毒ニラ事件、メラミン牛乳事件、毒粉ミルクなどの食品事故が頻発する。たしかに農薬や化学肥料の使用量を制限した規格として、「無公害農産品認証」「緑色食品認証」（特別栽培農産物）「有機製品認証」（無農薬・無化学肥料）が登場した。しかし偽物の認証マークが出回るなど、食品安全の規格認証への消費者の信頼は低い。特に野菜・果実の農薬汚染の危険性が高く、富裕層は日本や欧米各国からの輸入食料、生鮮食品への支持が高い。日本の農産物は、安全性、鮮度、生産から流通の品質管理の技術や生産者のモラルの高さに支えられた美味しさ、日本製品ブランドへの信頼が重なり、トップブランドの地位を確立した。高級デパートでは、日本産リンゴの「世界一」「ふじ」などの高級品種、魚沼産のコシヒカリ、各県の特産品が高値で販売されている。

かつて二〇一一年三月の東日本大震災と福島第一原子力発電所の事故による放射能汚染、その情報公開の不足、風評被害によって、日本産食料の安全ブランドは大きく傷つき、韓国・中国・香港・台湾への輸出は四―九月期に減少した。しかしその後、情報開示や放射能検査証明などにより、日本産食料ブランドへの信頼が回復してきている。

さらに、アジアの東、東南などの各地域、各民族の食文化の固有性に応じて、きめ細かく細分化された日本産食料の輸出戦略が求められる。財務省『貿易統計』(二〇一一年)による二〇一〇年の日本産の農林水産物の輸出実績は、総額四九二〇億円である。国・地域別に順位をあげると、①香港(一二一〇億円、二四・六%)、②アメリカ六八六億円(一三・九%)、③台湾六〇九億円(一二・四%)、④中国(五五五億円、一一・三%)、⑤韓国(四六一億円、九・四%)、⑥EU(二四七億円、五・〇%)、⑦タイ(二一二億円、四・三%)、⑧ベトナム(一五五億円、三・二%)、⑨シンガポール(一三八億円、二・八%)である。アジア諸国で七割以上を占めることに注目したい。

輸出品目では、上位には①リンゴ、②牛肉、③ナガイモなど、④鶏肉、⑤米となる。リンゴは六四億円で、牛肉の二倍近い重点品目である。農林水産省『我が国農林水産物・食品の総合的な輸出戦略』(二〇〇七年)は、総合的な輸出戦略として地域ごとに重点品目を設定している。東アジア向けは米・野菜・果実など、東南アジア向けは食肉・水産物など、北米向けは食肉・茶・水産物など、中東向けは加工食品などである。いわば各地域の食文化の固有性に応じた市場細分化の輸出戦略である。

中国への生鮮品の輸出の現状は、リンゴ、なし、米などの数品目に限定されている。動植物検疫を理由として非関税障壁の輸入規制がある。一部の生鮮品は、検疫規制のゆるい香港経由で中国へ迂回輸出されている。動植物検疫を理由とした輸入規制は、二〇一〇年一月「日本の農林水産省と中国農業発展集団総公司との規制緩和の覚え書き」にもかかわらず緩和されていない。日本側の輸出前、（プレシップメント）検疫体制の強化などの強力な対策が求められている。

3　新たな食料グローバル戦略——日本式農産物の海外生産

これまでの食料グローバル戦略は、第一に海外直接投資によって、海外食料基地を構築し、新たな産品を開発し、それを輸入する「開発輸入」による「逆輸入」戦略をベースにしてきた。さらに第二ステップとして、海外直接投資による現地生産物を第三の海外市場へ輸出する世界戦略が採用されてきた。しかしながら、二〇〇〇年代以降のグローバル化のなかで、新たに二つの食料グローバル戦略が登場した。つまり第三に付加価値のある農林水産物・食品、つまり日本産食料を積極的に海外へ輸出する輸出戦略が創出された。さらに、第四に、日系企業が進出先の海外現地において、「日本式農産物」を生産し、それを現地販売する戦略構想が生まれた。

「日本式農産物」とは、日本の優れた農業技術とノウハウを活かした生産システムと適切な生産・流通管理を現地へ移植し、ブランドへの信頼を構築した農産物である。たとえばアサヒビール、伊藤忠商事、住友化学の三社の共同出資による「山東朝日緑源農業高新技術有限公司」（中国・山東省）は日本の先端技術を導入し、牛乳・果物・野菜を生産する。マイクロチップ（ＩＣタグ）で牛を個体管理し、品質・安全管理を徹底する。低温物流システムにより、一リットル当たり三五〇円の高価格販売を実現した。イチゴ、ミニトマト、アスパラガス、スイートコーンなども日本の先端技術で生産し販売する。また堆肥・農薬などの農業資材の調達も共同出資者が担当することによって、高品質を担保している。アサヒビールが運営主体（出資比率七三％）、伊藤忠商事が低温物流システム・販売を担当（一〇％）、住友化学が農業資材調達を担当（一七％）している。現地に進出した数社のアグリビジネスによる異業種間連携、協働・シナジーの経済を実現した。

日本式農産物をたとえば中国で現地生産する「日本式農業」の強みは、多様な生鮮食品でも中国の検疫による輸入規制をクリアし、かつ現地生産による鮮度の保持を可能とする。

さらに「上流から下流へのバリューチェーン」を実現することで、関連産業における付加価値を創出し、現地企業へ雇用機会を提供する。つまり、日本農業が蓄積してきた農家のもつ「ノウハウや創意工夫」「匠の技」「手間ひまかけて丁寧に育てる知的財産」を海外市場へ適応させ、相手国の人的資源と結合し、アジアの食料共通市場の拡大へ貢献している。日本農業のノウハウには、種苗会社の種子や施設栽培、植物工場、国や大学・各県試験場における日本列島の多様な自然条件・気候へ適合してきた環境適合技術、有機質資源・バイオマスの利活用技術・エコ農村モデル、日本料亭の技や家庭炊飯器等々、世界へ誇れる宝の山がある。

しかし「日本式農業」、日系企業の現地生産・現地販売戦略にもリスクがある。それは知的財産権のリスク、つまり商標が無断登録されるリスク、あるいは種子の無断利用など技術・ノウハウが流出するリスクである。さらに代金が回収されないリスク、特に商慣習の違いによる支払い契約の不履行リスクがある。また、販売市場において現地事業所からの出荷による地場生産との区別が困難である。いわゆる「中国産の農産物」として取り扱われるデメリットである。安全基準の認証において、日本から輸出された農産物とは見なされない。海外直接投資の結果による現地生産、現地市場への販売のタイプと同一である。すでにある現地生産販売の製品、たとえば調味料（味の素・醤油）、日系の即席麺などと同一の市場へ流通する。それは富裕層の輸入食料志向の市場とは異なっている。

こうしたリスクやデメリットを超えて、将来、農業知財ビジネスが軌道にのれば、アジア諸国との共存によって、日本の「アジアの農業知財ハブ」が実現する。特許登録前の事前の一時金（アップフロント・ライセンス料）や特許権料（ロイヤルティー）などの海外からの新たな収入を増加させ、それを国内農業・アグリビジネスの蓄積へ還元する、という資金の好循環が生まれる。それは農業の誇りを回復し、新たな日本農業のグローバル戦略となる可能性を秘めている。

二　日本産食料の輸出戦略

1　ダニングの「ＯＬＩ理論」と輸出戦略

第7章でダニングの「ＯＬＩ理論」を紹介した。その際、それは多国籍企業をプレーヤーとして位置づけ、相手国への内政干渉的な政策を当然視する理論装置であることを指摘した。しかし同時に、同理論は、国や地域を異にする生産者と消費者を、食料の輸出入で結びつける際の理論的枠組みとしても活用できる面をもっている。ここでは、ダニングの「ＯＬＩ理論」の国際視点からみた三つの優位性をとらえ直し、三要因の相互間の協働（シナジー）の関係構築から、「日本産食料の輸出戦略」を構想する。つまり資本によるトップダウンを、地域によるボトムアップへ逆転させる発想である。

ダニングの多国籍企業のＯＬＩ理論を再論すると、多国籍企業の所有する情報・知的資産などの所有Ｏ優位を海外移転する。投資受入国の資源賦存Ｌ優位と結合する。食品産業の原料中間財・モジュール部品をグループ内貿易によって、国境を越えたアーキテクチャー化（構築物化）する、内部化Ｉ優位の、「ＯＬＩトライアングル」を示す。

第一の所有の優位性（Ｏ優位 Ownership specific advantage）は、多国籍企業が所有する有形資産・知的資産・ブランドなどの輸出サイドからみた海外投資の推進力、プッシュ要因である。第二の資源賦存の優位性（Ｌ優位 Location specific advantage）は、投資受入国に賦存する資源、土地・労働・インフラ整備・文化水準などの基礎要素に加えた、グローバル化に伴う相手国の海外投資を受け入れる制度・法律改変、経済連携協定や、動植物の検疫制度、食品衛生の基準法規などの政策変化の要素を含み、海外投資のプル要因となる。第三の多国籍企業の所有Ｏ優位と投資受入国の資源賦存Ｌ優位とを連結・直結する市場内部化の優位性（Ｉ優位 Market internalization advantage）は、付加価値品の価値連鎖（バリューチェーン）である食料国際貿易において、情報収集や価格リスク負担などの増大する取引費用を削減し、両者を結ぶ垂直的なパートナーシップであり、市場内部化の要因である。グローバル化は、この三つの優位性のなんらかの総合によって深化する。くわしくは、著者の『アグリビジネスの国際開発』を参照されたい。

そこで日本産食料の輸出戦略を構想するために、ＯＬＩ理論からみた三つの優位に着目し、ＯＬＩ

の各三要因の相互間の協働（シナジー）の具体像とその関係構築を、理論的な枠組みとして整理しておきたい。

第一は、食料生産地・輸出組織における所有の優位（O優位）の発揮である。知的資産・ブランドなどの産地・輸出組織の主体的な輸出推進力は、海外輸出をプッシュする要因となる。この要素は、さらに輸出主体の組織に着目した産業組織（O）からみた優位性、および、果実などの部門の商品構造に着目した国際競争力からみた比較優位の発揮、のサブ二要素に区分される。

第二は、食料消費地・輸入組織における資源賦存の優位（L優位）の発揮である。日本産食料を消費する海外の有効需要は、投資をプルする要因となる。この要素は、食料が付加価値産品として、戦略的に細分化され、特定顧客の消費者ニーズへ標的化（ポジショニング）される。また経済連携協定や、食品制度のグローバル化に伴う海外の政策・制度改革も含まれる。

第三に、食料の生産・輸出と消費・輸入とを連結する市場内部化の優位（I優位）である。有機物を扱う食料貿易は、付加価値品の価値連鎖（バリューチェーン）となる。そのため、情報収集や価格リスクの負担などの交渉・取引費用が増大する。取引費用は、輸出者と輸入者との垂直的な連結（パートナーシップ）により削減する。海外輸出のバリューチェーン要因である。輸出コスト政策として、価値連鎖を促進する取引費用の削減が重視される。以下、この三つの優位性について、検討していきたい。

2　食料生産における所有の優位性――プッシュ要因

生産組織

食料を輸出する産業組織の優位を以下の八点からみる。

第一は、海外市場の市場調査により、消費者ニーズに合った、継続的輸出を構築し、輸出マインドのある農業経営者・グループを育成する。第二は農業団体や市場流通・貿易業者などの多様な輸出組織が協働し、販売促進をすすめ、輸出促進情報を一元的に共有し、取引費用を削減する。たとえばニュージーランドの「キウイ・マーケティング・ボード」は、生産から流通・貿易・消費地市場までを包括する一元的な組織である。第三に果実輸出戦略に例をとると、日本列島の多様な自然条件をいかし、西の柑橘産地と東のリンゴなどの落葉果実産地、多様な果実産地が協働し、輸出品目を多様化する。ジャパン・ブランドに統一された季節のおいしい果実を供給する季節の旬のラインを構築し、四季のある日本の食文化をアピールする。

第四は農業経営者・企業など個人や団体、地方公共団体、全農・農協中央会・中央果実協会や組合連合会を含む官民一体の組織を確立し、統一財政基盤を有する「食料輸出促進センター」（仮称）を設置する。第五は国際的な食料輸出マーケティング・ボード（市場機構）のように、生産者から賦課金を徴収し、これを共通財源とし、情報収集、販売促進、ポストハーベスト技術・品種開発などの研究開発へ予算配分する。第六は情報・知識共同体を形成し、輸出業者を育成し、個人・団体・法人などの新規参入を促進する。

第七は海外市場・国内市場・需給調整を総合化する工程表による総合的な海外・国内出荷計画を構築する。第八はグローバルな食料輸出の強みと課題を的確に認識し、何をのばすかの優先順位を明確化する。

競争力

第二要素の国際競争力からみた比較優位の発揮は、以下の八点である。

第一は高品質・付加価値性をもつ知的無形資産の優位を生かす日本産食料の輸出戦略を採用する。

第二は、「日本産食料は安全・安心である」というブランド信頼の確立を踏まえ、消費者から産地の生産者へ遡及するトレーサビリティーを確立する。国際認証表示を利用し国際競争力を高める。

第三は海外ネットワークを構築、貿易リスクの取引費用を削減し、海外取引成立の費用（セットアップ・コスト）を縮小する。生産費用の削減効果を上回る総費用の削減効果を発揮する。第四は日本産食料の統一規格（ナショナル・ブランド）を確立し、品種や加工製品など世界に通用する知的財産権を保護する。第五は国際的に成功したリンゴ新品種（ピンクレディ）の販売同盟のように、国際組織による販売広告戦略を確立する。

第六はアジアで急成長した多国籍量販店（ハイパーマーケット）が採用した、消費者の健康志向・安全志向を満たす欧州小売業組合適正農業規範（Euro GAP ユーロギャップ）の規格に適用できる先駆的な産地・輸出組織を形成する。環境配慮の低化学肥料・低農薬、農薬残留がない安全な日本産食料の優位を発揮し、多国籍量販店戦略を構築する。

第七は日本独自の農産物加工品や食品・食材を、世界へ通用するものへ仕上げ、付加価値産品として輸出する。たとえば、果実ジュース、果実酢、ゆず醤油、ソース、スナック、ジャムなどを、アジアンテイストへ仕上げた経験を活用する。第八は世界の主要な食料輸出競合国と比較・検証した、日本産食料輸出の強みと限界を解明し、どこで日本産食料の輸出戦略を差別化するのかを明確化する。

以上の諸点が、日本産食料の輸出戦略における産地・輸出組織における所有の優位性である。知的資産・ブランド・組織力・信頼性などの主体的な輸出推進力が、国内から海外市場へ展開する輸出のプッシュ要因である。

3　食料消費における資源賦存の優位性――プル要因

海外の消費・輸入における資源賦存の優位（L優位）、つまりアジアの経済成長、消費人口増大、有効需要は、日本産食料の輸入を吸引するプル要因となる。第一要素は、付加価値産品として細分化された特定顧客の消費者ニーズである。第二要素は、経済連携協定や、動植物の検疫制度、食品衛生の基準法規などの、グローバル化に伴う海外諸国の開発政策や制度の変化である。

消費者ニーズの特定

戦略的に細分化された特定顧客の消費者ニーズを標的化（ポジショニング）するための第一は、重点対象国への輸出戦略を構築し、当該国のカントリーリスク、市場状況、物流システム、法制度などの情報を収集・分析・共有化する。

第二は、対象国における消費資源賦存のL優位と、多様な日本食料がもつブランドや知的資産の所有のO優位との、最適な組み合わせを発見し実現する。

第三は、東アジアや南アジア、アジア諸国の経済成長に伴う中間層・富裕層の増大は、少子高齢化の日本市場の消費減少に代替する。アジア諸国の一部の富裕層の所得は、日本を上回り、また購買力平価でみたマレーシアなどの所得水準は日本に匹敵し、巨大な日本産食料の消費市場を形成する。他方、アジア各国間、域内地域格差は極めて大きく、脆弱地域には、食料不安をかかえる貧困があり、富裕層と貧困層との二重性（デュアリズム）が存在する。どの消費者グループを対象とするのか、潜在的な顧客層に狙いを絞る、戦略的標的化を明確化する。

第四は所得水準の上昇に伴う食料消費変化は、総供給熱量の増加、動植物油脂、野菜、果実、畜産物、魚介類などの副食物の摂取量増加、および加工食品、半加工食品、外食、中食（テイクアウト弁当）、カットフルーツやサラダプレート、スウィーツ、多様な輸入食品への需要を増加させる。アジア諸国の食料消費の多様化は、こうした消費階梯（コンシューマー・ラダー）を登るプロセスで、ビタミン源としての消費、機能性、安全性、外観と味などの要素を増加させる。消費のトレンド情報、対象消費者グループ、顧客層を的確に把握する。消費者ニーズを正確につかむことが重要である。

第五は世界的な日本食への関心をとらえ、ミラノの世界博覧会などの海外の拠点市場において日本産食料のプロモーションを展開し、日本産食料の消費需要を創造し喚起する。総合的な広報・マーケティングである。

第六は対象国における流通システムの特性と構造を把握する。多国籍企業の小売量販店（カルフール社、テスコ社など）は、価格形成力や販売力（マーケットパワー）で競争力をもつが、小回りがきかずに、ニッチ市場を創出できない弱点をもつ。そこで、成功したイオン社などの日系企業の販売経験を集約し、日本産食料の輸出・輸入・流通の教訓を明確化する。

国際協定や制度変化への目配り

第二要素の経済連携協定やグローバル化に伴う開発政策・制度変化は、以下の点に注目する。

第一は経済連携協定に伴う、貿易障壁の緩和、地域経済協力を見越し、日本産食料の輸出システム構築を構想する。

第二は動植物検疫制度の変化を踏まえ、対象国では生産が不可能な品目と領域について、輸出振興などの総合戦略を構築する。日本産食料の輸出拠点に近接する港湾や空港に、燻蒸施設などの検疫制度に対応した施設を増設する。輸出前検疫に専門知識をもつ検疫官を派遣、常駐させる。検疫官を大学院などとの連携により育成し、採用拡大する。

第三は特に沖縄県の那覇空港は、アジア主要都市四時間のアジア・ゲートウェーの地理的条件をもつ。大規模貨物ターミナルの新設により、アジアの物流拠点として国際物流ハブを構築、さらに二四時間運用、公租公課の軽減をはかる。国内三三空港ネットワークを構築した那覇空港を、日本産食料の輸出拠点として、燻蒸施設などの増設、輸出前検疫に対応する検疫官の派遣と常駐体制を充実させる。

第四は貿易対象国の食品衛生基準の状況を的確に反映し、経済連携協定において、食の安全を実現する食品衛生措置の相互技術協力の申し合わせを積極的に締結する。事実上の非関税障壁を改善する。

第五はアジア各国の多様な宗教・文化の差異、食品規制に対応し、文化的な摩擦を最小限にする。仏教の肉類・アルコール類、イスラム教の豚肉・ラード・アルコール類、ヒンドゥー教の牛肉などの典型的な規制、およびハラール（イスラムの食材規制）へ適合する措置を構築する。文化的な障壁の少ない日本産果実・野菜・茶・米などの優位を発揮し、即席麺、菓子、水産物など、大きなポテンシャルをもつ領域を拡大する。

日本産食料の輸出戦略における第二要素は、海外の資源賦存の優位、輸入を吸引するプル要因を活かすために、富裕層の特定顧客へ標的化し、また経済連携協定や食品制度変化へ有効に対処する。

4　食料の生産と消費を連結する市場内部化——フードチェーン要因

第三の要素は、生産・輸出と消費・輸入とを連結する市場内部化の優位性（I優位）である。食料貿易は、付加価値品の価値連鎖（バリューチェーン）である。増大する情報収集や価格リスク負担の取引費用を削減し、輸出と輸入を結ぶ価値連鎖の垂直的な連結（パートナーシップ）を進める。付加価値食料貿易における市場取引費用の削減支援政策が焦点となる。

第一に、継続的かつ安定的な食料輸出体制のため、対象国に常設的な販売拠点を確保する。そのステップ戦略は、食料輸出取引を立ち上げる初期費用（セットアップ・コスト）を最小化し、参入障壁を削減する。さらに海外販売拠点を構築する。

第二は、付加価値食料の「三つのP」、包装・容器（Packaging）、保冷・貯蔵（Preservation）、低度調理・加工（Preparation, Processing）を包括する国境を越えた垂直的な価値連鎖を構築する。

第三は国際食料博覧会（フードフェア）などを活用し、輸出促進フェア・セミナーを開催、大規模な宣伝・広告、輸出と輸入との適切なマッチングを図る。輸入業者（バイヤー）の新規開拓、日本招聘、生産・輸出との仲介、商品開発を行い、取引を安定化する。

第四は輸出と輸入との業務提携を強化、日本食料輸出促進センター（仮称）の海外事務所を設置、ワンストップ情報センターとする。

第五は恒常的な海外販売拠点の構築へ向け、海外の輸入組織、姉妹都市・町村などの提携自治体、草の根の国際協力組織との協議によって、海外販売の合弁事業を設立する。出資を折半・分担し、対象国のビジネスや文化土壌へ適合し、信頼関係を構築する。

さらに第六は生産・輸出組織の海外子会社・関係会社を対象国に起業し、同国内における日本の食料の情報・販売拠点として育成する。

第七は日系の食品関連企業、量販店や総合商社などと、異業種交流を含む連携を強化し、集積と協働（シナジー）のメリットを発揮する。異業種提携を基礎とする食品産業の拠点地域集積（クラスター）の形成を図る。

第八は対象国政府の海外投資促進部門と協調、開発特別地域や租税優遇措置の実態を踏まえ、食料貿易およびそれを促進する海外直接投資の二側面から、国境を越えた日本産食料の輸出戦略の政策協調を構築する。

第九は情報共同体によるアジア共通市場を構築することを戦略目標にして、以上の国際食料博覧会開催、日本食料輸出促進センター・海外事務所の設置、海外合弁事業の設立、集積と協働の食品産業クラスターの形成により、競合各国とも遜色のない日本産食料の輸出戦略が可能となる。こうして日本の食と農は、国際競争力をもつグローバル段階へと移行する。

以上は日本産食料の輸出戦略の基本である。アジア食料共通市場の利益、共益を享受でき、成長するアジア諸国、伸びる市場と共生する戦略展望のなかで、日本の食料・農業・農村の豊かな未来を見通すことができる。

三　食料輸出促進のポイント

以上の輸出戦略を踏まえ、日本産食料輸出の促進政策を箇条書き的に提案したい。この節は、果実輸出戦略検討委員会における、多分野の専門家による相互検討とコラボレーションによって、きわめて実際的で実用的な知見を集約したものである。

第一の柱——国内視点による競争優位の確保

生産・輸出サイドにおける所有の優位の発揮である。知的資産・ブランド・組織力・安全性・信頼性などの主体的な輸出推進力、国内から海外市場へプッシュする要因である。具体的にデザインしたい。

①ブランド力の発揮——日本の農業経営者・法人・普及機関・研究機関が一体となり、生み出してきた品種、品質の高さを強く印象づけるブランド戦略である。生産国としての「日本ブランド」を海外参入のプライオリティーとする。ジャパン統一ブランドとして日本イメージと結合した「知覚品質」へ高める。

②国内生産地域のグローバル意識の育成——伸びる海外市場を標的とする輸出をマーケット・チャンネルへ組み込み、海外ニーズへ対応する適正農業規範や食品規格認定、生産工程管理能力を取得する意欲をもつ生産地域を拡大する。日本列島の多様な自然を活用した、国内生産地域の連携を実現し、輸出の組織的な継続性・安定性を確保し、海外市場の信頼を不動にする。

③多様な品目や農産物・食品加工品の輸出——たとえば果実輸出では伝統的な「青森リンゴ」「鳥取なし」に加えて、新たに「福岡いちご・あまおう」が進展している。「フルーツトマト」「カゴメ・こくみトマト」や「愛媛みかんたまご」、中東オマーンへの「マスクメロン」、JAならけんの「富有柿」、香港への「宮崎の甘藷」、さらに「鹿児島牛肉」「長崎鮮魚・養殖ハマチ」などへ輸出品目が多

様化している。裾野が広がり海外消費者の日本産食品への関心が高まる。日本食のメニューとマッチする「ご飯に梅干し」、イギリスや欧米諸国への「北海道・中札内の冷凍枝豆」のような輸出に適合する加工食品を開発する。

④輸出促進のための技術革新・調査研究――海外消費地にマッチする高品質の品種開発を継続して強化する。外観を含む品質の製品差別化をはかる。生鮮食品の鮮度維持のための温度管理・包装・輸送技術を開発し、ハイテク技術を駆使した成分分析・表示、障害判別の手法を普及する。「欧州小売組合による適正農業規範」（ユーロギャップ）を調査研究し、「青森・片山リンゴ」のイギリス輸出などの経験を共有し、日本ＧＡＰ協会の「ジェイギャップ制度」を普及させ、さらにアジア版共通の適正農業規範制度を創出する。

⑤食の安全・安心を満たす輸出の促進――中国では安全な食品の認証として、有機製品認証、緑色食品認証、無公害農産品認証、チャイナギャップなどがすでに開発されている。しかし中国国内のコールドチェーンの不備、偽物マークの蔓延などにより信頼度が低い。膨大な富裕層ニーズに対応する資材開発・流通管理・検疫制度への対応を確立し、安全・安心の日本食ブランドの優位を発揮する。

⑥輸出における知的財産権の保護――上記の新品種の育成者権を取得し、海外での権利取得を図る。とくに「植物の新品種の保護に関する国際条約」（一九六一年、パリ）を重視する。日本は一九九一年に改正条約を締結しており、アジア各国にも、同条約を批准し、植物新品種保護国際同盟への参加促進を働きかける。さらに高品質の新品種と環境制御技術などの日本独自の栽培法・管理ノウハウをセットとした「品種＋栽培法」を一括する商標権を確立し、海外からの承認を獲得する。

第二の柱――海外視点による輸出市場の開拓

食料の消費・輸入サイドにおける優位の発揮であり、日本産食料を消費するプル要因である。そのために食料の付加価値産品として、特定顧客の消費者ニーズへポジショニング（標的化）する。経済連携協定や、動植物の検疫制度、食品衛生の基準法規などの、グローバル化に伴う相手国の開発政策や制度の変化を含む。

①顧客ニーズと各国の需要特性の把握――購買力をもつ多様な顧客ニーズを、生理的、心理的、社会的、個人的な要素からなる複合要素として把握する。需要特性は、所得水準、人口動態、富裕層の実態、宗教や食文化・食生活習慣、日常購買活動の情報を集積することで把握される。海外消費地における顧客ニーズに最も近接する小売店の売り場、外食店の実態をつぶさに掌握する。

②グローバルな競合品目の把握――小売店・外食店における顧客ニーズへアクセスする当該の対象国、および他の食料輸出国からの競合品目を掌握する。その品質とコストのバランス、製品のライフサイクル、将来性、ニッチ（空隙）マーケットの可能性を発掘する。

③輸出品目の選定とテスト・マーケティング――アジア各国・各地域において食料の消費性向は異なっている。マレーシアなどの複合民族国家においても、中国人系は豚肉を好み、イスラム教徒は豚肉を、インド人系は牛肉を摂取しない。小売店・外食店にないものが、選好されない結果なのか、あるいは満たされないニッチマーケットなのかを、吟味する。国内輸出地域からの都合ではなく、こう

した「国外からの視点」による顧客ニーズの冷徹な選定とテスト・マーケティングが不可欠である。

④輸出市場の価格設定とコスト削減――価格設定における最低限度は、輸出者の請求する生産・輸出コストによって決まる（国内からの視点）。価格設定における最高限度は、海外消費者による知覚品質、新興国の富裕層の「良いものは高い」という購入動機によって決まる（国外からの視点）。顧客ニーズとグローバルな競合品目との考量によってこの最低限度と最高限度の範囲内の価格帯で購入が決定される。

輸出者の請求コストは、空輸などの輸送費、保管料、関税、付加価値税、流通マージン、為替変動、海外物流コストなどによって決まる。生産コスト以上に大きな割合を占めるこれらのコスト削減によって、上記のプライスゾーンは拡大できる。

⑤販売促進活動としての「プッシュ戦略＋プル戦略」――プッシュ戦略は、海外の輸入業者・小売業者へ働きかけ、日本産食料の販売を進める。そのために、標的対象者（輸入業者・小売業者など）を識別し、その反応に応じた効果的なコミュニケーションを選択する。サンプル・情報の提示、日本の四季の紹介、日本への招聘である。

プル戦略は、海外のエンドユーザー（最終消費者）へ働きかけ、日本産食料への関心、興味、欲求を喚起する。消費者の購買プロセスである認知・理解・評価・選好・確信・購買の六段階に対応したプロモーションを展開する。まず認知・理解に対応した小売店舗での人的な販売促進である。ついで評価・選好・確信に対応した常設店舗、生産履歴情報、果実の健康機能性のアピール、試食提供による誘導である。さらに在外公館と連携した日本食の提供、外国人観光客へのアクセスと日本ファンの増加、魅力的タレントの日本食文化大使への任命である。特に、海外の日本フェア・万国博覧会・見本市への出品による販売促進活動が重要である。

⑥重点市場の拡大と需要創造――アジア諸国では、台湾・香港などの市場が持続的に拡大を遂げている。さらに新規市場の開拓が必要だが、対象市場の情報入手が鍵である。香港では日系の量販店における現地販売の情報がキー要素である。開拓する新規の重点市場を設定し、同地域の日系企業と連携して、詳細なマーケット・リサーチを実施する。発掘された輸出品目を選択し、標的となる輸入業者・小売業者・エンドユーザー（最終消費者）に関する顧客対象を定め、⑤の強力な販売促進活動を展開する。

⑦輸出を阻害する非関税障壁の除去――生鮮食品における検疫制度、すべての食品における食品衛生規制は、食料輸出を阻害する非関税障壁である。二〇一〇年一二月、農林水産省と中国農業発展集団総公司との間で、日本産の農産物・食品の輸出拡大に関する覚え書きが交わされた。しかし中国は二〇〇一年のWTOの加盟後も、かなり経過するが、検疫規制を緩和していない。そこで生鮮食品の一部は香港を経由した迂回輸出・再輸出も行われる。それだけの現地需要がある。動植物検疫条約にもとづく輸出を阻害する非関税障壁の除去が求められる。

同時に、動植物の病虫害が共通するアジアの輸出対象国の防疫・衛生条件に適合するために、国内の生産・包装・流通プロセス、港湾・空港の燻蒸施設などの要件整備を強化することが不可欠である。動植物検疫条約に定められた輸出前検疫の制度を活用し、相手国の条件を事前に満たす措置が食料輸出戦略の根本である。そのため専門性の高い動植物検疫官を十分な数のレベルにまで育成する。港湾・空港の燻蒸施設などの整備資金への融資・補助を強化する。これが食料輸出の先進国の国際的な常識である。

第三の柱――国内と海外をつなぐ食料輸出円滑化の協調と連携

食料の円滑な輸出のための協調と連携である。つまり食料輸出戦略における食料の生産・輸出と海外の消費・輸入とが協調・連携する市場内部化の優位（I優位）の発揮である。

①輸出の各段階における協調と連携の必要性――食料貿易は、付加価値品の価値連鎖（バリューチェーン）である。そのための情報収集・価格リスク負担などの取引費用を削減し、垂直的な連結（パートナーシップ）を結ぶ。価値連鎖を促進し、取引費用の削減を支援する政策は、継続的かつ安定的な「食料輸出体制」を構築する鍵となる。そのためにまず輸出先の各市場における顧客ニーズ、標的業者・商慣行、検疫・食品衛生規制、商標権・知財権などの情報を、輸出促進協議会や輸出交流会などの場で、関係者が相互に適時に話し合い、リアルな情報を交換し、活用することが不可欠である。情報共有の場の創設である。

②輸出先国の流通関係者とのパートナーシップの構築――日本産食料の輸出は、第一にその優れた品質の保持やコスト節約の観点から最適な物流システムと流通経路の選択が大切である。また第二に新たな市場開拓には商談会・見本市への参加によって、信頼に足る流通業者を選択することが大前提

である。この最適な物流システム・流通経路と信頼できる流通業者の選択という二条件が日本産食料の輸出を成功させる要件である。さらに、こうして構築された日本産食料輸出を持続可能なものとするため、輸出先国の流通関係者との信頼関係を維持し継続することが重要である。そのために、輸出先国の流通関係者のニーズに応じた製品を安定的に供給する体制を確立する努力が求められる。輸出先国の流通関係者を日本国内の流通施設や生産地域へ招聘して、現地事情を理解させることは、連結関係（パートナーシップ）を構築する有効な方法である。

③多様な輸出販路の構築――販売チャンネルの一極化は、リスクを高める。輸出取引は、国内生産地域による直接取引、海外の代理店を介した取引、両国間の企業相互の業務提携など、かなり多様な形態がある。その際には、海外貿易を専門とする貿易企業のもつ情報機能と仲介機能を活用することが効果的である。また国内の経済主体が日系の海外量販店と提携して、輸出量を拡大することである。さらに海外の現地における量販店のネットワークを活用し重点市場を拡大することも可能である。このように多様な海外貿易の流通チャンネルが重層する柔軟なシステムを構築し、事実上の市場内部化を実現し、日本産食料の輸出を進展させることが求められる。多様な輸出販路の創出は、輸出のリスクを分散し、飛躍的に拡大することを可能とする。

④内外情報の収集・集積と提供・普及、情報共有システムの整備――日本産食料の輸出関連情報の精度が高く迅速な収集・集積とその提供・普及は、もっとも重要な課題である。日本産食料の輸出関連情報は、輸出先国における貿易関連制度、詳細な関税率や特殊な関税システム、為替変動・外貨規制、食品関連法令、検疫制度・食品衛生規制、食料安全・食品認証制度、商標権などの知財権制度、

重点市場の顧客ニーズの特性、標的業者・輸入業者・小売業者・海外量販店・エンドユーザー（最終消費者）の実態、交渉・契約・入金・リベートや手数料・諸費用・知的財産権（ロイヤルティー）などの商慣行、労務環境、インフラ整備・利用可能な公共財（ユーティリティー）などの情報を収集しデータバンクとして集積することが急務である。

国際機関であるFAO（食糧農業機関）のアジア太平洋事務所、地域協力組織であるASEAN食料安全保障情報システム、アジア開発銀行、ならびに国内の政府諸機関、特に農水省大臣官房統計部・国際部、国際農林水産業研究センター、日本貿易振興機構（JETRO）などの諸機関と連携し、「日本産食料輸出関連情報共有システム」を整備することが喫緊の課題である。ASEAN食料安全保障情報システムの経験や、中央果実協会による海外果樹農業情報の持続的な収集と広報は極めて貴重な示唆を与える。食料輸出情報ウェブサイトを構築し、一元的に情報の受発信が可能なシステムを構築すべきである。

以上のように、日本産食料の輸出促進政策を、「OLI理論」からみた三つの優位性に区分し、具体的に提案した。第一に、国内からの視点による競争優位の確保、第二に、国外からの視点による輸出市場の開拓、第三に、国内外をつなぐ視点から円滑な輸出のための協調と連携である。この三つの政策包括（ポリシー・パッケージ）が求められる。そのためには、国内外に展開する日本産食料輸出事業体の販売促進活動の総合化（プロモーション・ミックス）事業、連結関係（パートナーシップ）構築、輸出適合の加工食品開発などへの適切な補助・助成の促進、さらに検疫官の大幅拡充・採用、食料輸出関連情報システム整備、輸出促進の技術革新・調査研究拡充などの制度改革が不可欠である。さらに、農林中央金庫がその預金四三兆円の貸出事業として新設し、法整備が進展した「農業の六次産業化」事業、食料輸出促進のための農業・食品産業への融資枠「グローバル・シード・ファンド」(二〇一二年、総額五〇〇〇億円、一件一億円以上)を活用する。食品企業の農業参入と輸出開拓、海外の食品企業の買収、農産物・食品の物流・インフラの整備を強化することは時宜にかなった政策展開である。

第9章　アジア共通食料政策の展望

東アジア共同体を展望するにあたり、ここではアジア共通の食料・農業政策の試案を提示したい。著者は『農業政策』で、食のグローバル化、国際地域開発、食料安全保障、持続可能な農業、資源循環型社会の視点から政策論を構築した。本章は同著を踏まえ、アジアの未来へ向けたメッセージとしたい。

第一戦略――食料安全保障と食の安全の統合戦略

第一戦略は、リージョナル・セキュリティーとしての食料安全保障・食品安全地域協力の三本柱（備蓄・情報・安全）をコアとする礎石の布陣である。

政策提案・第1——東アジア緊急米備蓄の拡充

ASEAN+3（日中韓）一三ヵ国は、内部に経済格差と財政負担力、米需給の米輸出入国・自給国の多様性を抱える。東アジア（ASEAN+3）緊急米備蓄（APTERR）は自助努力を尊重した互助制度である。各国間の利害を調整し、人道的公共的な備蓄への政策協調を行う。地域協力の制度設計が不可欠である。以下五点を政策提案したい。

第一に市場原理による投機的米備蓄を抑制し、「人間の安全保障」の観点から人道的公共的な米備蓄・援助を促進する。寡占化する国際米市場では、輸出国の売り惜しみに対し、備蓄放出は効果が大きい。投機的備蓄は、価格を引き上げ、短期的な利潤を生む。適切な監視とガイドラインの導入が求められる。公共的な備蓄を構築し、人道的な食料援助を行う。災害・飢餓時に備蓄を放出させ、貧困削減・インフラ復旧のセキュリティーとなる。食料安全保障は、難民や内乱を回避する社会的効果が大きい。各国の政策協調をはかり、投機的備蓄を規制し、公共政策としての米備蓄発展が不可欠である。

第二にASEAN内部の多様性を尊重し、柔軟な米備蓄を構築する。食料不足国は備蓄積極派、財政負担懸念のシンガポールなどは慎重派、米純輸出国も輸出戦略を阻害すると慎重、タイは援助と輸出を検討し、積極派に転じた。財政力と多様性を尊重する合意が必要で、経済負担力・国民総生産・米純輸出量を基準とし、備蓄負担料を決定する。

第三にASEANイニシアティブを活かし、日中韓三ヵ国の協力・連携を強化する。中韓は、総論賛成・申告備蓄在庫ゼロから出発した。日韓は、食料純輸入国で、食品安全関心が高く、日韓連携による食品安全ルール化、農業団体主導の需給調整を構想する。中国は、巨大な食料自給国で、ASEANとの経済関係は緊密で、ASEAN＋3の連携に積極的である。ASEANのイニシアティブを活かす方向で、日中韓三ヵ国連携を強化する。

第四に、備蓄米放出システムの整備である。東アジア（ASEAN＋3）緊急米備蓄機構の事務局機能を抜本的に強化し、申告備蓄米の第一階層の域内二国間放出合意を確実に発動する仕組みを制度化する。「輸出規制」を監視・制限し、ペナルティーを財政負担させる。現物備蓄米の第三階層、および貧困削減・飢餓克服（PAME）プログラムのニーズが高い後発国の備蓄放出量を抜本的に拡充する。東アジア（ASEAN＋3）農林大臣会合の事務局は、国際機関のFAO（国連食糧農業機関）や世界食糧計画と協力し、各国開発援助をパッケージ化、備蓄米供出を一本化する。

第五に、漸次、緊急米備蓄財政「日本任せ」から脱し、互助制度方式の財政戦略を構想する。日本政府の財政支援は、ASEAN事務局との間で公文書を交換し運営される。JICAも長期専門家・政策アドバイザーを派遣した。日本国内現物備蓄在庫は保管コストがかさむ。タイ米純輸出国の現地籾貯蔵方式の申告（イヤーマーク）備蓄在庫の権利を譲渡しうる「イヤーマーク米備蓄権取引機構」の創設を提案したい。二国間カップリングを地域協力の枠組みのなかで仲介し、南南連携を生み出す。互助原則にたつ枠組みとその財務負担のルールを明確化し、ASEAN＋3の食料安全保障財政のプール化、共通化を実現する。

政策提案・第2――ASEAN食料安全保障情報システムの強化

東アジア各国制度を調整し、共同化と協力枠組みを明確化する。「ASEAN統合食料安全保障」（AIFS）構想や「アジア共通農業政策」の提案にとって、東アジア・フード・セキュリティー地域協力は、未来への礎石となる。

第一に、農業統計情報を開発・管理する人的資源を開発する。ASEAN食料安全保障情報システム（AFSIS）の各国間における情報処理能力の格差を埋めるため、人材を開発し、知識とスキルを向上させる。「アジア食料情報管理リーダー」育成のために、トレーニング、ワークショップ、セミナー、調査法・データ分析・予測能力の向上、システム・ネットワークなどの分野を強化する。

第二に、主要五作物の農業情報ネットワークを促進する。ASEAN食料安全保障情報システムは主要五作物（穀物）――米、トウモロコシ、大豆、サトウキビ、キャッサバ――の情報（人口、国民総生産、作物別生産や輸入・輸出量、価格、消費量、備蓄量、および所得、土地利用、灌漑などの二二項目）をウェブ上に搭載した。これを充実し、正確度・信頼度をさらに向上させる。

第三に、早期警戒情報システムを強化する。ASEAN食料安全保障情報システムの第二段階の早期警戒情報は、主要五作物の生産予測情報（作付面積、収穫面積、生産量、単位面積当たり収量）や作物作柄情報、被害情報を作成した。状況を正確に監視し、障害や困難を関係機関に通報する機能を高める。洪水・旱魃による収穫量と収穫面積の減少などを早期警戒情報で評価し、増産方向をリードする政策を策定する。

第四に、JICAプログラムのように日本の先駆的な統計情報経験を各国へ普及する。JICAの

「タイ農業統計及び経済分析開発計画」（二〇〇四―〇八年）プログラムは、日本伝統の「坪刈り法」を適用、統計精度を向上させた。拠点国タイを重視し、人材を育成し、ASEAN食料安全保障情報システムの講師として、ラオス・カンボジア・ミャンマーなどの近隣の後発途上諸国へ派遣、南南協力により統計技術伝播を強化する。地域協力の波及効果である。

第五に、食料安全保障情報を共有する地域協力のネットワーク化をはかる。ASEAN食料安全保障情報システムは、広域農業統計協力の最初の取り組みであり、評価は高い。生産情報から分配・運輸・流通などの情報協力へも拡充し、島嶼や山岳・僻地など、災害によって人間生存が脅かされる地域の不安を解消する。政策形成と統計情報の結合は、不測の事態を予測し、食料を必要とする人々へ迅速・的確に援助を行う平和の砦である。グローバル情報ガバナンスを広く深く、下方へ拡散させる。

第六に、政策形成と統計情報を設計する企画調整機能を高め、東アジア（ASEAN＋3（日中韓）の一三ヵ国）農林大臣会合の事務局を、恒常的事務局として設置・強化する。情報コアは、①貿易・海外直接投資、アグリビジネス・食品産業、商品先物市場、技術移転、知的財産権などの情報を集積し公表する。②農業の多面的機能と水利灌漑施設、農業経営と集落構造、バイオ燃料など情報を共有する。③後発・脆弱地域の食料リスク、災害・食品安全・農村貧困などの情報を創造する。貿易自由化と地域協力を並存させる包括的な経済連携協定を充実する。日本の役割は、先端知識をアジア各国へ移転し、アジアの共通市場を拡大する「知識基盤型の国際貢献」にある。

政策提案・第3――食の安全の共通政策の創出

食品安全共通制度では、まずWTOの衛生検疫措置、FAO（食糧農業機関）とWHO（世界保健機構）合同の「国際食品規格委員会」（CODEX）を改革する。欧州食品安全機構、アメリカ食品安全検査サービス、日本食品安全委員会とリンクし、国際食品規格委員会を食料輸出国主導から、食料輸入・消費者重視体制へ転換する。

つぎに国際食品規格委員会のアジア地域調整委員会を母体に、新たに「ASEAN＋3東アジア食品規格委員会」を設置することを提案したい。狂牛病（BSE）、新型インフルエンザ、食品偽装など国境を越えて広域化した脅威の解決をリードする。さらに農林規格法、世界標準規格ISO9000品質・12000食品安全、食品安全危害分析重要管理点（HACCP）、適正製造規範・適正農業規範、トレーサビリティー（生産遡及性）、農産物情報公開システムなどの、グローバルな食料の安全性を確保する食品規格・認証制度の導入を促進する。さらに中国・緑色食品、韓国・無農薬農産物、タイ・減農薬ドイカム・ブランドなどのアジア各国の食品安全規格を共通化する。地域経済連携の食品安全協力を推進し、消費者に認知されたアジア食品安全共通政策を確立する。

第二戦略――アジア共通食料市場における戦略的互恵ルール

第二戦略はアジア共生の貿易互恵ルールと利益再配分政策によって共通市場を創出する。

政策提案・第4――食料貿易における戦略的互恵の農業保護削減ルール

農業は、生命を育む産業で、国土環境・大気・水・森、美しい景観を守り、人々の魂をいやす多面的機能をもつ。世界の多様な農業が共存し、矛盾や摩擦を調整する「重要品目（センシティブ品目）ルール」は不可欠である。WTO（世界貿易機関）のドーハ・ラウンド農業交渉は、途上国の本格的な登場と、途上国・先進国、輸出入国の立場の違いを鮮明にし、最終包括合意へ向けて難題をかかえ、二〇一〇年以降はレーム・ダックに乗り上げた。

全加盟国一致のWTOに対して、自由貿易協定や経済連携協定は、特定地域・特定分野の選択的自由化である。日本・メキシコ経済連携協定など、農産物関税の撤廃・削減を含む協定は、北米自由貿易協定などの経験を活かし、国内農業への影響を調整する手法である。南米南部共同市場（MERCOSUR）などの途上国を含む自由貿易協定などの地域協定は、関税の段階削減やセーフガード（緊急輸入制限）など、多岐に渡る農業措置を含むことを示す。WTO農業交渉の「重要品目ルール」を包摂して活用する道である。

日本政府のかかげる「みどりのアジア経済連携協定・推進戦略」は、①食料輸入の安定化・多元化、②安全・安心な食料輸入、③国産食品輸出、④食品産業ビジネス環境整備、⑤アジア農山漁村の貧困解消、⑥地球環境保全に貢献する地域協力を統合する。日本・フィリピン経済連携協定は、零細農民が生産するモンキー・バナナの関税撤廃に力点をおく。農業の多面的機能、構造改革を進める「守るべきものは守り、譲れるものは譲る」の基本戦略である。新大陸型の農業を装備する米・豪などのアグロ・グローバリズムの「単線型の自由化」とは異なるアジア共生の戦略政策である。アジア共通重要品目を包摂し、関税の段階的撤廃、地域の自主性と柔軟性を尊重した農産物貿易のバランスの取れた「複線型の自由化ルール」構築である。

WTO交渉の早期再開・正常化を期待しつつ、新しいアジアの食料の国際枠組みは、FAO（国連食糧農業機関）とJICA、アジア開発銀行と協力し、第一戦略のASEAN＋3による①東アジア（ASEAN＋3）緊急米備蓄、②ASEAN食料安全保障情報システム、③食品安全の地域協力手法をコアとして、「食料安全保障と農業開発の地域協力」トライアングルの新しい枠組みとし提案したい。

政策提案・第5――共通重要品目におけるアジア共存の貿易体制

国際アジア共同体学会の北京会議共同宣言は、「貿易自由化から受ける利益を原資とした東アジア共通農業政策の具体策」と「開発と飢餓に対処できる東アジア食料安全保障」を提唱した。前著『農が拓く東アジア共同体』は、「アジア共通重要品目」ルールの確立と、各国農業の共存、アジア共通市場の創出という英知に注目した。共通重要品目は、すでに第3章でみたASEAN食料安全保障情報システムが対象とした主要五作物（米、トウモロコシ、大豆、サトウキビ、キャッサバ）をまず対象とする。「東アジア食料安全保障の道」は、開発と飢餓に対処する食料安全保障協力を出発点とし、農業技術開発の地域協力、保険医療を支える農業協力、漁業における国際協力、開発輸入と食料共同体へ至る道筋である。つまり域内互恵貿易の促進と地域の相互協力を二本柱とする統合戦略である。

すでに日本ASEAN包括的経済連携は、貿易自由化と農業協力とをバランスさせ、重要品目のルール化で合意した。貧困農村支援、農協間協力、食品安全協力、バイオエネルギー・環境協力を推進する二階建て（ダブルデッカー）の自由化を基本装備する。アジア地域包括的経済連携協定の基本原則である。日本の知的資産による貢献は、共同体構築の最先端として、アジア諸国と連携し、多様な農業国際協力を盛り込む相互依存と地域協力の方向にある。

政策提案・第6――財政を協調し利益を再分配する共通農業政策

米などアジア共通重要品目を対象に、貿易自由化から受ける利益を原資とし、「アジア共生基金」（仮称）にプールし、同基金から再分配する「アジア共通農業政策」を構想したい。ＥＵ（欧州連合）を参考に、アジア各国は、国民総生産に応じた拠出による基金を造成し、偏在するアジア自由貿易協定の利益を再配分する。

米市場開放にあたって、日・中・韓の三ヵ国で国民総生産などに応じた共通の補塡財源を形成する。日本は、補塡基準米価を仮に一俵一万二〇〇〇円と設定すると、負担は四〇〇〇億円、米関税率を一八六％とすると、米自給率は八六％となる。「東アジア（ＡＳＥＡＮ＋3）緊急米備蓄」、および「ＡＳＥＡＮ食料安全保障情報システム」の経験から、加盟各国の自助・互助原則による財務負担ルールに立ち、この枠組みを段階的に拡充して財政協調をはかる。再配分原資は、各国の農産物低下の収益減少分を埋め合わせ、アジアの実情に見合った直接支払い、環境保全努力とリンクする環境支払いである（クロス・コンプライアンス）。

貿易自由化から受ける利益を原資とした東アジア共通農業政策を具体化するには、「アジア共生基金」（仮称）構築の合意が不可欠である。アジア金融危機に対処する域内通貨融資制度（チェンマイ・イニシアティブ）の延長上に、リーマンショックと金融リスクへ対処するアジア各国の金融制度共同支援の方向が定められた。ASEAN＋3による域内通貨融資制度の融資総額は二四〇〇億ドルに達し、驚くべきテンポで形成された。アジア通貨バスケット制も提案され、事実上の共通通貨の枠組み、「アジア・コモン・カレンシー」が展望される。地域金融協力の延長上に、アジア食料共生基金が可能となる。

政策提案・第7――共通市場の米需給調整と日本産食品輸出戦略

「アジア共通農業政策」構想は、各国農業が共生するアジア共通市場を創出する。日本ASEAN包括的経済連携は、貧困農村支援・食品産業支援・食品安全協力を推進し、重要品目ルールを実現、米麦、乳製品、牛肉・豚肉、砂糖などは関税削減の除外で合意した。日本ASEAN包括的経済連携を内実化させ発展させて、さらにアジア地域包括的経済連携協定へ拡張する道によって、アジア共通市場を創出する。食料危機・価格高騰の要因である食料輸出国の輸出規制を是正するアジア市場秩序を構築する。アジア米市場における需給調整の共通手法を確立する。

ASEAN＋3、一三ヵ国のマクロ米生産量は、ASEAN一億九〇〇〇万トン、中国一億八〇〇〇万トンの計三億七〇〇〇万トンが太宗をなす。日本米の一一〇〇万トンと韓国米の四七〇万トンの計一六〇〇万トンの米生産は四％のニッチ市場である。おいしくて高品質で安全志向のジャポニカ米（「ごはん」）は、生産調整を解除すれば米過剰の隘路へ入り、価格乱高下のリスクを負う。北東アジア米市場の調整手法は、供給量を制限しつつ、米から小麦・大豆や飼料米などを拡大する農業経営支援改革である。アジア型直接支払いへゆるやかに転換する。

アジア共通市場の内部における農業・食品産業内の棲み分け協業は、知識集約型の食料輸出を拡大する。ASEAN+3の域内で二億人余の富裕・中間層が形成された（第8章）。香港・台湾・中国沿岸部・ASEANと続く高付加価値の「東アジア共通市場」の成熟である。日本産食料輸出戦略は、付加価値産品（果実・野菜・米・加工食品）を中心に展開する。食料生産サイドの「おいしい日本食」の知的資産やブランドを活かすプッシュパワーと、食料消費サイドの「豊かさを消費する」富裕・中間層ニーズを取り込むプルパワーとが有機的に結合する。食料の生産から消費を連結するバリューチェーンにおけるパートナーシップ構築である。アジア各国相互の検疫衛生措置、国境措置の緩和、ニセブランド規制の知的財産権の相互保護、アジア知財権制度の改革が不可欠である。

第三戦略――アジアの多様な農業発展を生む競争と共生

第三戦略はアジアの多様な農業発展を可能とする経営支援とアジア型・環境直接支払い制の提唱である。

政策提案・第8――市場開放の中で経営支援をアジア型直接支払いへ

ＥＵ（欧州連合）の共通農業政策は、価格支持から所得支持へ、消費者負担型から、納税者負担へ転換した。アメリカ農業法は価格変動対応型支払いを導入した。つまりＥＵやアメリカなど先進国の農政改革は、「市場価格介入から、農場直接支払い・農村開発支援」へと転換した。欧米諸国は農産物過剰が深刻で、価格政策から撤退しつつある。

アジアは食料自給率を回復させ、構造改革を同時進行させる難題をかかえる。食料自給を重視する中国や貧困削減のインドなどの人口大国は、価格支持政策や食料配布政策が柱となっている。農業の担い手を育成する経営所得支援、地域特性を踏まえる柔軟な「アジア型直接支払い」は共通に展望できる。アジアの共通重要品目を対象に、農業の多面的機能を軸に、農業者へ品目横断的に直接支払いすることを提案したい。

日本をはじめ、韓国・台湾・ＡＳＥＡＮマレーシアは、直接支払いを導入した。中国も食料安定供給と国際競争力強化をめざす直接支払いを採用した。韓国は食糧自給率が低落し、直接支払いと公共備蓄制度を導入、農業の多面的機能を重視する。今後は、アジアの共通重要品目を対象に、担い手の所得を品目横断的に支持する共通農業政策が構想される。

アジア型直接支払いの五本柱

担い手経営支援の「アジア型直接支払い」構想は五本の柱からなる。第一の柱は、貿易自由化による価格低下と所得損失を補填する。「下駄・ゲタ」支払いである。第二に、グローバル化と価格変動リスクを緩和するアジア共通市場の市場安定のため、需給変動・価格変動による所得安定セーフティーネットを構築する。価格変動の「均し・ナラシ」支払いである。第三に、アジアに共通する水田農業の社会的共通資本（ソーシャル・キャピタル）である水利と農地が一体化した地域資源システムの共同保全活動へ直接支払いする（地域支払い）。第四は、環境負荷を低減する環境保全型の循環・生態系農業・バイオマス、アジア版「節約し増産する」（Save & Grow）に対し、コストアップ分を補償する環境支払いである。第五に、生物多様性を確保し、農村景観を保全する高い目標を達成した多機能農業を支援するステップアップ支払いである。第四と第五の支払いは、環境基準を達成した農業者へ「環境法令遵守を要件とする支援」、すなわち環境保全とこれに合致した支払いが組み合わされる、クロス・コンプライアンス（交差応答）の適用である。

著者が二〇〇五年「農水省・食料・農業・農村基本計画審議会」の企画部会にかかわった経験では、当面第一、二の部分の支払いは、グローバル化対応の「青の政策」（現状では許容されるが将来は赤＝禁止に変化する）「黄の政策」（一定時間後には禁止される）という「時限的な国際規律の適法」として始まる。ついで農業の多面的機能を活かすための環境支払い、第三、四、五の部分の「緑の政策」（恒常的な適法で、将来も許される）へと重点を移行させることを想定した。具体化した「経営所得安定対策等大綱」は、政策対象の認定農業者や集落営農法人を進め、グローバル化のなかで力強い担い手を育成する展望を示した。

アジアに共通する零細な水田農業という枠組みのなかで、一方の「農業の担い手を支援する直接支払い」は、競争優位の産業構造政策の手法である。他方の水田資源共同保全活動は、幅広い農村住民と提携し、農村共同体を基盤とする協同組合や、非政府組織などの市民諸活力を活かす、市場機能を補完する地域格差の是正政策の手法である。地方自治体・農協を主体とする担い手育成の自主目標が鍵をなす。著者が部会長をつとめた「農水省・食料・農業・農村基本政策審議会・果樹部会」の「果樹基本方針」では、産地が発案するという果樹構造改革のボトムアップな策定を重視した。静岡県三ヶ日地区は、果樹園の基盤整備と機械化により大規模ミカン経営が成長し、産地主導のボトムアップな構造改革が進む。農業政策は、市場、政府、共同体・市民の三者の役割を活かす相互協調と協働の発揮によって未来が展望される。

政策提案・第9——多様性の地域内共進化による農業変革の道

東アジア食料安全保障の基盤は、農林水産業を担う人々の生存にある。小麦などの畑作と畜産を結合した大規模粗放な農場制農業を基盤とするアメリカ・新開国型の農場制モデルは、アジアの土壌には合わない。東アジア農業は、モンスーン・アジアの湿潤気候、水田稲作基盤の家族農業を基礎としている。日本の農協・集落営農法人、タイの農協・エビ漁協、ベトナム水利組合など、共同体基盤組織である。農業の構造調整は、アジア農村の伝統、個性と多様性、共同体と公共性を踏まえた共通基盤のうえに展開される。

アジア共通農業政策では、国際社会が求める基本的価値、人々の福祉、地球環境保全の第一基準、発展段階格差と差異を活かす第二基準、地域社会と歴史経路の多様性を認める第三基準、この三基準を踏まえた制度設計が重要である。各国が多様な農業を共に進ませる「地域内共進化」の東アジア共通農業政策である。

アジアには零細規模の家族農業を中心としつつ、他方では中国東北部（黒龍江省）や西部（新疆）には大規模な国有農場が存在し、フィリピン・ミンダナオ島はバナナの、マレーシア・インドネシアは椰子油のプランテーションが、また日本の北海道にも大規模畑作・酪農業が展開するという多様性もある。伸びている日本の法人農業・集落営農・市民農園の多様な担い手や、食品産業・量販店による契約農業の経験も貴重である。家族農業とローカル・フードビジネス（味噌・醤油・酒・柚・米菓）の農商工連携、農業の六次産業化も進展した。タイの一村一品運動や、農村女性起業（直売市）も注目される。食料安全保障の基盤となる農林水産業を担う多様な農業経営を成長させる制度設計が不可欠で共通基盤である、①水田稲作、②家族農業、③共同体基盤組織、④農地改革と人的資源、⑤付加価値化と農商工連携・第六次産業化という諸要素のうえに展開される。

第四戦略――農業と食品産業の連携による六次産業化

政策提案・第10――食料共同体と六次産業化による新産業創出

日本の飲食費支出八〇兆円を種類別にみると、加工品と外食で八二％を占め、生鮮農産物への支出は一八％である。日本の食品産業は、食材の調達から、食品加工・販売・輸出のクラスター形成をすすめ、直接投資と技術協力により、アジア諸国との連結を深めた。日系企業のもつ知的資産などの所有優位性（O）、アジア諸国の資源優位性（L）、および国境をこえて生産から流通・貿易が連携する、市場の内部化優位性（I）、この三者の「OLI結合」によって、事実上の食料生産をめぐる生産共同体を形成した。海外食料資源へ依存、国際工程分業によるシナジー（協働）の経済を発揮し、特定地域へ「食品産業クラスター」（食料製造拠点＝産業集積特区）を形成する。新しい分業関係である。三つのE（生態系Ecology、経済Economy、倫理Ethics）のアジア化が求められる。

第一に、生態系の視点から、食品安全アジア共通規範をつくる。EUの安全食品基準は、農場生産にまで遡及するユーロ適正農業規範（GAP）を普及させた。アジア版適正農業規範（GAP）により、域内生態系と食品安全を踏まえた市場競争力を強化する。第二に、経済の視点から、国産農産物輸出促進と食品海外投資のため、「東アジア食品投資協定」を結ぶ。ビジネス環境を改善し、品質保証・規格・ブランドなど、知的財産権を保護する。第三は、倫理の視点から、アジアの貧困農村を支援し社会的正義を尊重する。アジア共通農業政策は、女性の雇用確保、児童労働廃止の「貧しさからの解放」へ貢献する普遍的価値を確立する。

政策提案・第11――ローカルフードビジネスによる参加型開発

JICA（国際協力機構）の開発戦略目標「活力ある農村振興、貧困・飢餓削減」は、住民参加型のローカルフードビジネスの開発を支援する。タイの一村一品運動、日本の農村女性起業、直売市など、中小規模の食品加工業・食品安全への技術協力を促進する。農村インフラ・農村環境を整備し、道路改修、農村電化、砂漠化防止、用水ポンプ、木材バイオ開発、安全飲料水給水など集落レベルの公共事業を支援する。農村観光・体験型レクリエーションの農村観光（グリーンツーリズム）は、各国中山間資源を保全・活用する道を拓く。住民参加型開発を、小規模融資の手法で援助する。住民保健向上、貧困緩和、住民教育向上のため、校舎・教科書の援助をはじめ、人材開発を強化する。マクロ食料供給（フード・アベイラビリティー）から、ミクロ農村支援（フード・アクセス）へ至る、広義の食料安全保障（フード・セキュリティー）を確保し、途上国の自助能力形成を支援する。

アジア生産性機構は、後発国の食品加工、流通・運輸業のトータル食料供給体制を、草の根レベルから強化する。カンボジアのリリー食品社（スナック菓子）とメアリー社（果汁飲料）に食品安全危害分析重要管理点（ＨＡＣＣＰ）を導入、ユーロテック社（ミネラル水）に世界標準規格ＩＳＯ２２０００を導入した。これらモデル企業の経験は、他の企業へ伝播されて共有される。参加型ローカルフードビジネスは、農業・食品産業連携による第六次産業化を土台から支える。

第五戦略――多面的機能を発揮する「新しい農業」

第五戦略は、多面的機能を発揮する「新しい農業」と環境直接支払いによる共同体基盤組織創出の展望である。

政策提案・第12――「新しい農業」への道

「新しい農業」は、環境に配慮し、生態系と生物多様性を踏まえ、食品安全を確保する。FAO（国連食糧農業機関）による「節約して栽培する」は、二五億人の小規模農家による環境保全・穀物増産の持続的農業で、土壌微生物と地下水や化学肥料を効率利用するエコシステム・アプローチである。新しい農業は、第一に環境負荷を減らしつつ多くを生産する。第二に、多様品種を供給し、農民種子と地域企業へ支援する。第三に、耕起最小、土壌表層保護、作物交互作付けの保全農業、総合的病害虫管理、作物・家畜・森林統合の知識集約型システムである。

アジア各国に農民実践教育機関（ファーマー・フィールド・スクール）を組織し、農民能力を形成し高度化する。小規模農家による適切価格販売、最低価格補償、投入財への効果的な補助金、農業投資アクセス費用削減などの大幅な支援投資を行う。東アジア（ASEAN＋3）農林大臣会合の合意により、「東アジア・エコシステム共通農業政策センター」を設置し、適正農業規範、持続可農業とコラボすることを提案する。アジア共通市場の利益を再分配する「アジア型環境支払い」により、「節約し成長する」のコストアップを補償する。

政策提案・第13――共同体基盤組織を支える環境直接支払い

小規模農民・家族による零細農業を支援し補完する。水利用・水利灌漑施設を構築し、共同体組織により運営する。アジア農業は共同体基盤組織の多様な展開に補足される。いわば相互扶助による相互補完性の発揮が注目される。農村共同体はアフリカ・マリのように、農民の生存維持のための「生存原理」をもち持続性をもつ。地方創生論は、地域の共同体を基盤とし、ボトムアップ戦略により、農業の六次産業化をすすめ、食と農の距離を縮める。限界集落の地域づくりは、農山村の共同体にねざしている。こうした視点から、水田農業の社会的共通資本（ソーシャル・キャピタル）の地域保全活動へ直接支払いする。第三戦略の政策提案・第8でみた、直接支払いは、環境支払いの基礎部分である。さらに、生物多様性を確保し、農村景観を保全する高い目標を達成した多機能農業を支援するステップアップ支払いの展開部分を統合する。アジア型環境支払いは、基礎部分と展開部分の二階層システムである。

第六戦略――アジアのバイオ新産業の創出

政策提案・第14――小規模・地域複合のバイオ新産業を創出する

バイオマス（生物資源）の特質を活かしたバイオ新産業の創出戦略を提案したい。バイオマスは、大気中の二酸化炭素を固定し利用するもので、「燃焼にともなって大気中に放出される二酸化炭素に対し、それを吸収するという、カーボンのバランスがニュートラルな特性」、つまり「炭素代謝中立」（カーボンニュートラル）という特質をもつ。それ故にバイオマスは、地球温暖化を抑制し、生物由来の再生可能な資源・エネルギーである。バイオマス利用は、生産から消費の供給連鎖が短く、地域分散型の太陽光・風力ともリンクし、再生可能エネルギーの各分野と協働できる。地方分権の小規模電子制御単位（マイクログリッド）として「小規模・地域密着型の地域複合エネルギー新産業」を創出することを提案したい。

その技術革新は、初期投資が限られ、途上国の技術・資本を用いて参入でき、地域内資源循環により、直接・間接のエネルギー支出を回避・節約する。また石油化学偏重農法を、バイオマスを利用する土にねざす生態系農業で代替する。すべての人が享受できる「太陽の力」により、地産地消や地域雇用を拡大し、脱石油の資源自立を可能とする。バイオ新産業の創出は、人間と自然が共生し、地域資源紛争のない平和で自由、かつ公正なアジア社会を構築できる。バイオマスの特質を活かしたバイオ新産業の創出を、アジア共通政策として提案したい。

政策提案・第15——地域類型を活かす多様なアジア・バイオ新産業を

世界のバイオ産業は、自然と社会の歴史に対応した、地域によって多様な発展経路を有している。政策主導のEU型、巨大資本によるトップダウンのアメリカ型、地域主導のボトムアップのアジア型などである。政策主導のEU型は、先駆的にバイオ産業を創出し、エネルギー輸入依存度を下げ、バイオ技術の開発政策を展開する。ドイツの「再生可能エネルギー電力買取り法」(grid feed-in laws)は、電力企業に再生可能エネルギー電力、及び分散的エコ電力の優先的な買取りを義務付けた。補助金や低利資金を交付し、環境税を減免し、熱と電気の併給プラントを奨励する。EU共通農業政策は、小麦・大麦・テンサイのエネルギー作物へ、一ヘクタール当たり四六ユーロ（六四四〇円）の補助金を支出する。バイオエネルギーの国際ルールを提案し、生産・消費の価格を安定化、少数企業による独占体制の禁止、地球環境保全へ配慮した多国間枠組み、途上国への技術支援、食料・森林へ悪影響を与えない国際的監視網を提案し、食料とエネルギーの供給をバランスさせ、環境保全と調和した公正競争をめざす。こうしたEUの実践を、アジア共通政策へ盛り込むことを提案したい。

巨大資本によるトップダウンのアメリカ型のエネルギー政策法は、財政支援により、トウモロコシを利用したバイオ大増産を進めた。多国籍企業のアーチャー・ダニエルズ・ミッドランド社は、石油メジャー・シェブロン社と提携、穀物・燃料供給の独占体へ変貌した。トウモロコシ価格を高騰させ、小麦・大豆・米価格高騰の価格連鎖を生む。食糧とエネルギーの競合による食料危機は、最貧国を襲った。バイオメジャーの企業独占を規制し、世界の食料不安を取り除き、世界食料市場を長期的に安定させる国際共同政策を提案したい。

地域共同体（コミュニティー）主導のボトムアップのアジア型は、食料・農業部門とバイオ産業との統合調整戦略を選択してきた。バイオ統合戦略は、「糧（＝食料）と地（＝農地）の確保」のため、バイオ転換面積の上限、非食料バイオへの誘導に及ぶ。

中国は、東北部などからトウモロコシのバイオエタノールを一〇％混合するガソリンを普及させ、世界第三位の生産国となる。一トン当たり一三七三元（二万六〇〇〇円）の補助金を交付し、キャッサバ・ソルガム・セルロースなどの非食料原料をバイオ加工へと転換した。農村を基盤とする「人と糧を争わない。糧と地を争わない」というバランスさせる戦略を採用した。すなわち農業用地を占用しない、食糧を利用しない、生態環境を破壊しない、という三つの政策へ具体化した。ASEAN諸国のうち、タイは農村部の地域共同体（コミュニティー）主導でキャッサバ・サトウキビを原料とする、一〇%混合のバイオ燃料を生産し、物品税・法人税を免除し、バイオ燃料補助金を交付、関税を緩和する等の支援を実施した。

マレーシアは、プランテーションのパーム油合計一五〇〇万トンのうち、六〇〇万トンを上限としバイオディーゼルを精製し、生産許可制によりEUへ輸出する。インドネシアは、地域共同体(コミュニティー)主導の戦略で、スマトラ島などのバイオディーゼルの新規プランテーションを開発する。焼畑や環境を保護するため、パーム油の六〇〇万トン、六〇%を食用とする上限を定めた。両国政府は、荒廃地で生産できる代替エネルギー作物・ジャトロファ(南洋アブラギリ)によって、地域共同体を担い手とした、「バイオ自立村」の開発を進めた。アジア各国は、EUやアメリカとも異なる、地域共同体(コミュニティー)を基盤としてバイオ産業を創出した。「食料とバイオを調和させる」統合調整戦略を、アジアの共通政策として確立し普及させることを提案したい。

政策提案・第16——緑の技術革新で「アジアのバイオ共同の家」を

東アジアの「食料環境エネルギー統合戦略」は、東日本大震災と原発事故「フクシマ」の教訓に学び、石油など化石資源や原子力発電から脱却し、再生可能な自然エネルギーを優先する戦略である。また「全ての人の食料の確保」を人間の安全保障の生存原理として重視し、「食料を第一にする」戦略である。「化石燃料・原発よりバイオ」「エネルギーより食料」という、二つの原理を統合した戦略のもと、食料と自然エネルギーとの競合を回避するアジア地域協力を提案したい。

二一世紀の日本は、「バイオマス・ニッポン総合戦略」から「アジアのバイオ共同の家」へと前進する戦略である。「バイオタウン構想」は、地域共同体を基盤に、非食料のバイオエネルギーを生む、芋類を含む多様な生物資源バイオの農産物を増産する。「緑の技術革新」をコアの推進力とする、国産バイオ燃料の大幅な生産拡大を、短期的にはサトウキビ糖蜜や、くず米・規格外小麦の穀物系を原料とし、長中期的には、稲藁・間伐材などセルロース系と独自の資源作物による第二世代のバイオ燃料の技術開発を進め、二〇三〇年の六〇〇万キロリットル生産（ガソリン消費量の一割）を展望する。緑の技術革新は、ＥＵ方式の価格支持政策によって、強大なバイオ産業を創出し、技術と雇用を創造し、地方の貧困を解消し、新しい知識ワーカーを形成する。

日本の独自の技術・知識を活かし、アジア諸国と共生するために、途上国の要請にもとづき、政府開発援助や民間資金等活用事業（ＰＦＩ）方式、企業間コラボ投資によるバイオマス発電の技術移転を進展させる。クリーン開発メカニズム（ＣＤＭ）などの新しい政策手法をも駆使し、活用する。各国が太陽の恵みを活かす第一次産業を基軸とし、相互の安全と繁栄を保障しあう「アジアのバイオ共同の家」へとすすむ。ＡＳＥＡＮと日中韓のバイオ中小零細企業を組織し、相互参入と相互浸透をすすめ、アジアにねざした新産業を創造する。

以上の第六戦略は「緑の技術革新」を推進力とし、地域分散型の食料とバイオ産業とを統合し、「アジアのバイオ共同の家」によってバイオ新産業を創出する提案となる。

おわりに——歴史展望——

最後に、食料安全保障の国際秩序におけるロングランの歴史を展望しておきたい。食料をめぐる地域協力は、新しい国家間関係を構築し、食料自給の単位を、EU（欧州連合）のように、国境を超えて広げる可能性を孕んでいる。また他方では、食料の生産者と消費者とのより身近でローカルな提携関係をも再生していく。人間が生活する上での食べ物と環境は、もっとも根源的な生存条件であったし、今も将来もその根源性は揺らがない。文化人類学者マービン・ハリスは、食と文化は密接に関連し、人類の食生活は、民族の料理伝統にもとづき多様であり、地域の生態系に最も適した食物が選択された、とする。つまり生態系（エコロジー）、広くは自然環境に合った食べ物を、人々は食料としてきた。

つまり、「地域で生産したものを地域で供給し消費する」、いわゆる「地産・地消原理」が、食料の大原理である。そもそも各共同体の人口規模は、食料生産・供給が規定した。他方、「食料自給」に対応する単位としての国民国家は、きわめて人為的であり、かつ長い人類の歴史からみれば、大航海時代以降の、ごく短い期間に有効となった社会経済単位にすぎない。

大航海時代以前の世界の四大食文化は、麦、米、雑穀、根菜を主食とする。第一に米（稲）食文化圏は、日本から中国の華南、東南アジア、インドの南東に分布する。第二に麦食文化圏は、中国の華北（小麦）、中央アジア、インド北西から、西アジア、北アフリカ、そして北西ロシア（大麦）から欧州全体（小麦）へ広がっていた。アジアでも内陸の遊牧民がこれにふくまれ、中国は南北で米と麦に二分される。第三に中国の東北（アワ・キビ）、サブサハラアフリカ（モロコシ・ヒエ）から、北・中央アメリカ（トウモロコシなど）、南アメリカ北部は、雑穀食文化圏である。そして第四に南アメリカの大部分（ジャガイモ・マニオック）、オセアニア・太平洋諸島（タロ・ヤム・バナナ）は根菜類食文化圏である。

各共同体は、生態系（エコロジー）・自然環境に合った食べ物を食料としており、その食料生産能力が人口扶養力となり、人口規模を決定した。各共同体は、地産・地消単位を、野菜、穀物・果樹、牧畜、漁業、さらには調味料・香辛料、飲料・酒類に応じて設定し、その単位での自給をめざしている。近代以降の国民国家が食料自給の単位となったのは比較的新しい。食料安全保障は、このような共同体の食料自給を基本として、生産と供給のバランスを欠く状況において、共同体の域外・国外・備蓄から食料を供給される。

食料は、生態系（エコロジー）と自然環境に合ったものを、守るべき方法にしたがって生産される。日本列島の大部分では米が主食として自然環境に最も適っている。食料供給は、環境への負荷を可能な限り抑制し、環境と共生する食料生産が望ましい。エネルギー代謝の効率は、光合成の能力を最大限に発揮することで向上する。食料の生産・加工・輸送の各過程を通じて、石油消費型の生産パターンから脱却することがもっとも環境に合った道となる。食べ物の輸出入はできるかぎり抑制的にしたい。飛行機で食料を運ぶのはいかがなものか。食料の生産者と消費者との壁を超えて、消費者が農村を訪問し、自然の恵みを味わい、収穫期には農作業を手伝い分かち合いという、ささやかな努力が環境と共生する食料生産を取り戻す道であろう。

ここで注目した食料安全保障の「地域協力」は、自然災害などによる凶作対策の緊急対応であり、長期の未来では、必要性が薄らいで限定されていく可能性もある。長い食料安全保障の帰趨を展望すれば、本書の取り上げたプロセスは過度期のものにすぎないかもしれない。確実なのは長期的な歴史の観点からみると、食料の豊かで多彩な発展の道を確実に描くことができることである。すでに本書でその戦略構想を示した。

こうしたロングランの歴史展望は、戦後史を紡いできた人々の営為と重なる。たとえば戦前の地主制下で喘ぎ、農地改革によってその軛から解放された農民は、敗戦後の苦しい食料難を経験するなかで、農業生産力の回復に努め、土地や生産財への権利を獲得し、次第に人々がおいしいごはん・米を食べられるような農業発展を可能とした。それは日本国民の平和と繁栄への願いと重なってきた。あるいはまた日本の女性は、戦前の「家」制度のなかで農業労働や製糸女工、戦時勤労動員として苦役に耐え、戦後改革のなかで初めて女性参政権を獲得した。ときにその改革の恩恵に浴しながらも、ときにそれに抗しつつ、自らの地位向上をめざしてきた女性たちの確かな歩みとも重なっている。

こうした「小さき者」の一連の戦後改革とその後の戦後史は、まだまだなされるべき課題が山積みされてはいるとは言え、憲法のもとでの「平和と民主主義」を暮らしに活かす道を、「敗北を抱きしめて」生活の中で実感しつつ実践してきた日本国民の誇りと重なっている。求められているのは日本の知的資産を活かし、平和な反軍事の食料安全保障へ向けての貢献である。それこそが戦後七〇年の教訓であり、二一世紀のアジアの新しい時代を切り拓く道である。

あとがき

世界の経済成長をリードするアジア地域にも、グローバル化と開発格差、ギャップのなかで貧困と食料不安に苦悩する脆弱地域があり、貧困に苦しむ人々、小さき者の辺境がある。アフガニスタンの高地農村やゾド（寒雪害）に苦しむモンゴル草原の民、台風に直撃されるフィリピンの島嶼部、ラオスの山村の茅葺き家や水車を踏む中国の少数民族の村を想い浮かべて頂きたい。本書は、近隣諸国が協働の努力によって、災害下の貧困と飢餓に苦しむ小さき者への支援を地域協力として行うささやかな努力を描いた。日本農業もまた、3・11ツナミ・フクシマの災害に苦悩する東北の農漁村、荒廃に直面する中山間の棚田や段畑、サトウキビが戦略作物となる沖縄や、離島・島嶼部などの脆弱地域を抱える。同じアジア人として、東アジアのフード・セキュリティーの地域協力にとりくむ営為は、人間の安全保障を求め、民主主義と人権の国際公益を実現するために、コミュニティーを形成するプロセスと重なる。

前著『アグリビジネスの国際開発』や『農業政策』『世界のフードシステム』は、中南米とアジアを比較しつつ、世界の農産物貿易と多国籍企業・アグリビジネスによる開発が、一方で成長・食品産業集積・雇用創出などのポジティブ・インパクトを与えながら、他方で地域環境破壊・貧困・食品安全脅威などのネガティブ・ギャップを生み出すことを、グローバル化の帰結として描いた。本書は、そうしたネガティブ・ギャップに苦悩する人々に寄り添い、協働の努力を惜しまない人々の、めだたないもっとも小さな物語を紡いでみた。国際食料協力の全体像の究明は、今後の課題である。

本書は、学術的実証的な研究から出発し、学際的な研究交流、実践家と研究者との相互対話を踏まえたものである。二〇〇九年から二〇一一年の科学研究費「東アジアの食料安全保障の地域協力に関する研究」（研究代表者・豊田隆）、およびその後に取り組まれた関連研究の成果である。この研究助成に感謝したい。本研究は、別添に詳細を記した「東アジア・フード・セキュリティー研究会」において、①研究報告・相互討議、アジア各国をはじめ内外の研究者、および農水省などの各国政府機関、国際機関・国際協力組織から実務家・専門家などを招聘し、学際的な統合パネルとして報告・討議を行い、②政府機関・国際機関のヒアリングと情報提供、③海外学術調査の実施、④基本文献の収集によって政策論的な骨格がつくられた。

本書は、リージョナル・フード・セキュリティー（地域食料安全保障）をメイン・コンセプトとする。つまり「人間の安全保障の一環としてのフード・セキュリティー（食料安全保障）は、東アジアにおける域内各国の食料相互依存にもとづく地域協力によって構築され、リージョナル・セキュリティー（地域安全保障）として実現される」というコンセプトである。食料安全保障は、国内農業による食料自給、農業生産力の維持を基礎とし、危機に備えた穀物備蓄や安定的輸入により、食の「安全・安心」が確保される。国家と地域の役割が重層する。その背景には狂牛病（ＢＳＥ）、サーズ、鳥インフルエンザ、食品安全など、アジア地域レベルのリスクと脅威の高まりがある。したがって、国際食料協力は、これまでの二国間協力を主体とするものから、次第に地域内の多国間協力へと戦略が変化してきた。ＥＵ（欧州連合）の共通食料政策はその最先端である。食品安全性のセキュリティーも同様である。日本の役割は、国際機関への付き合い的な財政拠出から、独自の判断により、地域協力のルールや機能を強化し、アジア地域の国際秩序の平和的な形成をリードする財政役割へと変化しつつある。

最後に、二〇一三年三月に定年退職を迎えられたのは、暖かい支援を惜しみなく与えられた方々の賜です。日本農業経済学会や国際地域開発学会、農業問題研究学会、国際アジア共同体学会、日本学術振興会、二一世紀ＣＯＥプログラム「新エネルギー・物質代謝と生存科学の構築」をはじめ、農林水産省の食料・農業・農村政策審議会委員・同果樹部会長・企画部会長代理として、食料・農業・農村基本計画や果樹農業振興基本方針をとりまとめ、多くの方のご協力と励ましをえた。

これまでの四〇年余り、農水省・農業総合研究所研究員、弘前大学助教授、筑波大学教授、そして東京農工大学大学院教授として奉職した間に、多くの教職員や院生・学生から寄せられた信頼、勇気、寛容、不断のサポートに感謝申し上げたい。東京農工大学大学院・国際環境農学専攻は、大学国際化のフロントランナーとして、一九九九年新設以来、一四年間、留学生と日本人との切磋琢磨によって、異文化交流をすすめた。国際地域開発政策学研究室は、世界各地から集まった使命感と意欲ある留学生・大学院生と研究を共にし、各国を訪問、「アジアはひとつ」という立ち位置を自覚した。筑波大学以来の博士論文の指導院生一三名のうち、一一名は留学生で、現在は各国で活躍されている。さらに学生時代からご指導いただいた故・古島敏雄東京大学名誉教授、また梶井功元東京農工大学学長、博士論文主査の今村奈良臣東京大学名誉教授をはじめ、内面のアカデミアを指導し激励し続けていただいた皆様に、心より御礼を申し上げます。

最後に、心の支えとなった家族や友人に感謝したい。友人たちからは自然を愛し仲間を敬う精神を学んだ。亡き父母兄、姉、そして妻と二人の娘夫婦、四人の孫たちは生きる支えとなった。いずれも人の謙虚さと寛容の心の大切さを学んでいる。ただただ感謝の気持ちで一杯です。

また、学術書の刊行が困難になっているにもかかわらず、出版をご決断くださった花伝社の平田勝社長、およびいつも懇切丁寧に笑顔に満ちたアドバイスをいただいた同社の柴田章編集顧問に感謝致します。

二〇一六年九月五日

豊田　隆

初出論文一覧

「第1章　東アジア緊急米備蓄の創設」は、豊田隆「東アジア・フード・セキュリティーの地域協力」（平川均・小林尚朗・森元晶文編『東アジア地域協力の共同設計』明治大学・軍縮平和研究所、西田書店、二〇〇九年一〇月、所収）、および豊田隆「東アジアにおけるフード・セキュリティーの地域協力――東アジア緊急米備蓄とASEAN食料安全保障情報システムの経験」（『二〇〇九年度日本農業経済学会論文集』二〇〇九年一二月）による。

「第2章　東アジア緊急米備蓄の本格化へ」は、豊田隆「東アジア緊急米備蓄における備蓄と放出の構造」（『二〇一〇年度日本農業経済学会』個別報告、二〇一〇年）、「東アジア・フード・セキュリティー研究会」の海外共同調査報告に加筆した。なお「第2章　四　東アジア緊急米備蓄の論点」は、豊田隆「東アジア緊急米備蓄（EAERR）の公共性の論点と政策提案」（『東アジア・シンクタンク・ネットワーク』食料安全保障作業部会国内会合・報告、二〇〇九年三月、日本国際フォーラム）より抜粋した。

「第3章　食料安全保障情報システム」は、豊田隆「ASEAN食料安全保障情報システムの現状と展望」（『開発学研究』第二二巻第二号、二〇一一年一二月）による。

「第4章　食品安全の地域協力」は、豊田隆「東アジアの食料安全保障協力と共通農業政策」基調報告（第一〇回「東アジア・フード・セキュリティー研究会」ＦＡＯアジア太平洋事務所、バンコク、二〇一三年）、豊田隆「東アジアの食料安全保障協力と食料安全の共同設計」（第一二回「東アジア・フード・セキュリティー研究会」漢陽大学、ソウル、二〇一三年）、および書き下ろしによる。

「第5章　食料が足りない時代へ」は、豊田隆「食料危機、食料備蓄、食の安心」（『国際アジア共同体ジャーナル』創刊号、二〇〇八年）、豊田隆「食料危機、食料備蓄、食の安心」（東芝財団・国際アジア共同体学会・泰日工業大学『東アジア共同体構築におけるアセアン・イニシアティブ』バンコク国際会議報告、二〇〇八年）に加筆・修正した。

「第6章　世界貿易機関と地域経済連携」は、豊田隆「ＷＴＯ・ＥＰＡと農業問題」（進藤榮一・豊田隆・鈴木宣弘編『農が拓く東アジア共同体』日本経済評論社、二〇〇七年、所収）による。

「第7章　ＴＰＰか、地域包括的経済連携か」は、豊田隆『アグリビジネスの国際開発――農産物貿易と多国籍企業』（農山漁村文化協会、二〇〇一年）、豊田隆「北米自由貿易協定と北米・中南米諸国」（堀口健治・下渡敏治編『世界のフードシステム』農林統計協会、二〇〇五年）の基本枠組みにしたがい、「東アジア・フード・セキュリティー研究会」第一三回「メガ自由貿易協定時代のアジア食料安全保障の展望」（東京、二〇一三年）、同第一五回「食料安全保障とグローバル食料産業の展望」（東京、二〇一五年）をふまえて書き下ろした。

「補論　台頭する中国と東アジア」は新たに書き下ろした。

「第8章　日本産食料の輸出戦略」は、豊田隆「果実輸出戦略を設計する――ＯＬＩ国際視点からみた三つの優位性」（果実輸出戦略検討委員会・座長ペーパー）、報告書『果実王国日本・ブランドで輸出拡大を』(財)中央果実生産出荷安定基金協会、二〇〇七年)を踏まえ、書き下ろした。

「第9章　アジア共通食料政策の展望」は、豊田隆「共通農業政策をどうつくるのか」(進藤榮一・平川均編『東アジア共同体を設計する』日本経済評論社、二〇〇六年所収)、Toyoda, Takashi, "Food Security Cooperation and Common Agricultural Policy in East Asia"(『東アジア・シンクタンク・ネットワーク』食料安全保障作業部会報告、二〇〇九年六月)、後に『国際アジア共同体ジャーナル』(二号、二〇一〇年)、Takashi Toyoda and Opal Suwunnamek, "Regional Cooperation for Food Security in East Asia: From Rice Reserve APTERR and Information System AFSIS to Common Agricultural Policy"(国際学会『アジア農業経済学者会議』第七回ハノイ大会、二〇一一年報告)、豊田隆「アジア食料安全保障の道——アジア食料協力から共通食料政策へ」(『国際アジア共同体学会秋季大会』桜美林大学、二〇一四年)を大幅に加筆修正し、書き下ろした。

東アジア・フード・セキュリティー研究会の軌跡——謝辞にかえて——

東アジア・フード・セキュリティー研究会は、科学研究費「東アジアの食料安全保障の地域協力に関する研究」（代表研究者・豊田隆、二〇〇九―二〇一一年）によって運営され、その後も継続されている。①まずアジア各国、内外の研究者、各国政府機関、国際機関、国際協力組織の専門家などを招聘し、学際的な報告・討議・ヒアリング・情報提供を行った。②さらに、食料安全保障協力に関する海外調査を実施した。

ＡＳＥＡＮ事務局のMs. Bayasgalanbat、東アジア緊急米備蓄（タイ政府・農業協同組合省農業経済局内）の前事務局長ムイロ・シディック氏Dr. Mulyo Sldik、現事務局長モントール・ジュエムチャレオン氏Mr. Montol Jeamchareon、Ms. Unchana Trachoから聴き取りを実施した。またタイ国キングモンクット工科大学オパル・スワンナメDr. Opal Suwunnamek講師をはじめ、フィリピン食糧庁長官のジョセップ・ナヴァロ氏Mr. Jessup P. Navarro、ラオス農林省のソムパン・チャンペンカイ氏Mr. Somphanh Chanphengxay DVMや、国際協力機構（ＪＩＣＡ）専門家の龍澤直樹氏から協力を得た。

第2章で紹介したラオス・ビエンチャン県・バンキ村調査をはじめ、カンボジア農林省のヒアリングとカンボジア・タケオ（Takeo）県ポンチャンテム村とカンポントム村の受益農村・農民の現地海外調査も実施した。いずれも住民から熱心な期待が寄せられた。こうしたアジアの人々の熱い期待と息吹、各国の実践家・専門家の方々のネットワークに対して、尊敬と感謝の気持ちを捧げたい。

また日本政府・農水省の官房国際部宮島栄一国際交渉官（肩書きは当時、以下同様）、大塚美智也食料安全保障専門官、総合食料局・食糧貿易課小坂伸行・森寛敬の両課長補佐、大臣官房統計企画課木村祥治課長補佐、消費安全局・消費安全政策課・近藤喜清課長補佐、また国際機関のアジア生産性機構・農業部遠藤芳英農業企画官、ＦＡＯ（国連食糧農業機関）アジア太平洋事務所（バンコク）の小沼廣幸代表や Mr. Dasgupta、Mr. Morzaria/Mr. Meno、Ms. Bayasgalanbat、Mr. Minamiguchi をはじめ、国連食糧農業機関・日本事務所の横山光弘・松田祐吾の両所長、さらに国際協力機構（ＪＩＣＡ）農村開発部本間穣課長・奥地弘明課長のインタビューを実施した。また海外調査・海外招聘研究会などによって、国内では入手が限定されている「食料安全保障の地域協力」に関する基本資料を収集した（「参照文献」参照）。

研究会に参集された進藤榮一筑波大学名誉教授、大賀圭治日本大学名誉教授、大庭三枝東京理科大学教授、山崎亮一東京農工大学大学院教授、板垣啓四郎東京農業大学教授、レニー・キム Dr. Renee B. Kim 韓国漢陽大学教授、鈴木隆名古屋学院大学准教授、および卒業生のオパル・スワンナメ・キングモンクット工科大学講師、同・廿日出津海雄日本開発研究所エコノミスト研究員、同・チュウ・チョン・シイアン Chew Chong Siang 日本エネルギー経済研究所研究員、及び東京農工大学大学院の多数の博士・修士院生、多数の方々の熱心なコミットメントに対し記して感謝いたします。

以下に、各研究会の研究課題と講演者について軌跡を記す。

第一回研究会（二〇〇八年九月九日、東京農工大学）は創設会議であり、国際アジア共同体学会進藤榮一会長や大賀圭治日本大学名誉教授の参加のもと、大庭三枝・東京理科大学准教授（国際関係論）の報告「東アジアにおける食料安全保障協力――グローバル・ガバナンスの中の東アジア緊急米備蓄」で開始された。クラスター・レジーム（階層社会組織）における制度間リンケージとして、国連世界食糧計画と地域協力組織・東アジア緊急米備蓄との役割分担、地域の安全保障（regional security）への変化などが提起された。

第二回研究会（二〇〇九年一月一六日）は、大庭三枝・東京理科大学准教授（国際関係論、NEAT食料安全保障作業部会スタッフ）の報告「東アジアの食料安全保障協力の『到達点』――インタビューを踏まえて」を行い、進藤会長、大賀圭治日本大学名誉教授、木村祥治・農水省統計企画課長補佐（海外協力班）からコメントがあった。

第三回研究会（二〇〇九年六月一六日、日本農業研究所）は、小坂伸行・農水省食糧貿易課長補佐（貿易企画班）の報告「東アジア緊急米備蓄の現状」及びレニー・キム韓国漢陽大学准教授の報告「食料安全性のリスク管理と消費者認知度」と討議がなされた。

第四回研究会（二〇〇九年一一月二七日）は、招聘したムイロ・シディック氏（東アジア緊急米備蓄・前事務局長）の報告「東アジア緊急米備蓄の構造と展望」と、森寛敬・農水省食糧貿易課長補佐（貿易企画班）の報告「東アジア緊急米備蓄（EAERR）の現状」と討議が行われた。

第五回研究会（二〇一〇年七月六日）は、池田龍起・農水省統計企画課長補佐の報告「ASEAN

食料安全保障情報システムの現状と地域協力の方向」が報告された。

第六回研究会（二〇一〇年一一月一九日）は、食料安全保障協力シンポジウムとして、板垣啓四郎・東京農業大学教授を座長に迎え、オパル・スワンナメ・キングモンクット工科大学講師の報告「ASEAN食料安全保障情報システムの現状――特別インタビュー報告」、モントール・ジュエムチャレオンAFSIS事務局長・元タイ国農業協同組合省・農業情報センター長の報告「ASEAN食料安全保障情報システムの組織と制度開発」、Ms. Unchana Tracho・AFSIS事務局プロジェクト管理官補佐の報告「ASEAN食料安全保障情報システムの技術向上とプログラム改革」、池田龍起・農水省統計企画課長補佐の報告「ASEAN食料安全保障情報システムと日本政府の協力」と討議を行った。

第七回研究会（二〇一一年二月二五日）は、レニー・キム韓国・漢陽大学教授の報告「食料安全保障に関する研究レビュー――韓国の視点」、池田龍起・農水省統計企画課長補佐の報告「ASEAN食料安全保障情報システムからNAFSICへ、コンセプトノートと日本政府の役割」と討議を行った。

第八回研究会（二〇一一年九月二日）は、近藤喜清・農水省消費安全政策課長補佐の報告「国際食品規格委員会コーデックスの現状と東アジア諸国の動向」、遠藤芳英・アジア生産性機構・農業企画官の報告「アジア諸国の食品安全スキームの地域協力」、鈴木隆名古屋学院大学准教授（国際政治学）のコメントと討議を行った。

第九回研究会（二〇一二年三月二八日）は、レニー・キム韓国漢陽大学教授の報告「東アジアの食料安全保障――韓米自由貿易協定と食品安全制度」と討議を行った。

第一〇回研究会は、二〇一三年二月一九日、FAO（国連食糧農業機関）アジア太平洋事務所の共同主催としてバンコクで開催された。小沼廣幸国連食糧農業機関・アジア太平洋事務所代表を座長に、Key Note Presentationsとして、豊田隆東京農工大学教授「東アジアの食料安全保障協力と共通農業政策」、オパル・スワンナメ・キングモンクット工科大学講師「ASEAN食料安全保障情報システム」の二講演を行った。国連食糧農業機関・アジア太平洋事務所からは、食料安全保障プログラムについて、小沼廣幸代表「食料安全保障・飢餓・食料価格」、モントール・ジュエムチャレオンAFSIS事務局長「ASEAN食料安全保障情報システム」、及びMr. Dasgupta「節約して成長する」(Save and Growth)、Mr. Eura「農業市場情報システムと地域活動」、Mr. Castano & Mr. Nicholls「農業・農村統計改善のグローバル戦略と地域活動」、Mr. Morzaria & Mr. Meno「食品安全の緊急予防・長期戦略計画の食品安全性とコーデックス委員会」、Ms. Bayasgalanbat「ASEAN食料安全保障・栄養への支援――ASEAN統合食料安全保障枠組みと戦略行動計画」、Mr. Uchikawa「ASEAN＋3緊急米備蓄」、Mr. Dawe & Ms Prapinwadee「食糧農業機関と国際農林業研究センター共同のASEAN食料商品需給推計プロジェクト」、Mr. Sharma & Mr. Minamiguchi「アジアのための米戦略の構築」、及びMr. Sacco & Mr. Krishnaswamy「アジアの統合食料安全保障の段階区分」の各報告と討論を行った。

第一一回研究会（二〇一三年七月六日、東京農工大学国際環境農学専攻二N四〇二）は、「東アジアの食料安全保障――国連機関食糧農業機関と地域協力組織ASEAN＋3緊急米備蓄・ASEAN

食料安全保障情報システムとの制度間連携」をテーマに、レニー・キム漢陽大学教授“International SSK Research Program for 2013-2015 : International Agri-Food Trade & Innovation Consortium (IAFTIC)”及び、豊田隆東京農工大学名誉教授“Regional Food Security Cooperation and Food Safety System Co-design in East Asia”の二講演を行い、廿日出津海雄日本開発研究所エコノミスト研究員の「カンボジアのメコン川西部流域の食料安全保障と農業開発」の調査研究報告を行った。

第一二回研究会（二〇一三年一一月一二日、漢陽大学・韓国食料経済研究所、ソウルにて開催）は、「食料・農業貿易のグローバル化――東アジアの食料安全性の共同設計」をテーマに、豊田隆東京農工大学名誉教授「東アジアの食料安全保障協力と食料安全の共同設計」の講演と討議を行った。

第一三回研究会（二〇一四年一一月二八日、愛知大学東京キャンパス）は、「メガ自由貿易協定時代のグローバルアジア食料安全保障の展望――東アジア日韓中台連携の教育研究連携」をテーマに、レニー・キム Renee B. Kim 韓国漢陽大学教授・韓国食料経済研究所長（ＫＩＦＥ）“International Symposium in Shenyang 2015 for Asian Food Research Collaboration of KCJT: Lesson from EU Food Dynamics”の講演と討議を行った。

第一四回研究会（二〇一五年五月二三日、東京農工大学農学部二号館一四号室）は、「食料安全保障――本源的蓄積からみた南南格差――山崎亮一著『グローバリゼーション下の農業構造動態――本源的蓄積の諸類型』を読み解く」をテーマに東京農工大学大学院山崎亮一教授の講演と討議を行った。①本源的蓄積の意義を、資本制への移行・成立・確立の三契機からみる、②農村共同体は、農民生存維持の生存原理をもつ、③世界システムは、中心部の先発国型・後発国型と周辺部の前資本主義構成体との異種混合性から類型化される、④日本の原蓄は一九八〇年代へ継続し、農業労働力依存型から失業者依存型へ転換した、⑤原蓄の南南格差は東南アジア型とサブサハラアフリカ型で異なる、などの諸点が注目された。

第一五回研究会（二〇一五年六月二四日、東京農工大学農学部一号館一一号室）は、「食料安全保障――グローバル食品産業の展望と食料経済学の未来――技術革新がもたらす新しい波」をテーマに、レニー・キム韓国漢陽大学教授・韓国食料経済研究所長の記念講演を行った。グローバル化した食品産業、巨大資本による途上国進出による食料消費の変貌を、牛肉のトレーサビリティー・システムへの消費者の選択の視点から、日本・韓国・中国の比較を行った。

豊田　隆（とよだ・たかし）

1947年生まれ。東京大学農学部卒。農学博士。農業総合研究所、弘前大学助教授、コーネル大学客員研究員、筑波大学教授、東京農工大学大学院教授・国際環境農学専攻長を経て、東京農工大学名誉教授。

日本農業経済学会賞、NIRA政策研究・東畑記念賞受賞、農業問題研究会代表幹事、食料農業農村政策審議会委員・果樹部会長等を歴任。

著書
『りんご生産と地域農業』〈『日本の農業』第143・144集〉農政調査委員会、1977年。

『食料輸入大国への警鐘』（共著）農山漁村文化協会、1993年。

『アグリビジネスの国際開発』農山漁村文化協会、2001年。

『農業政策』〈国際公共政策叢書第10巻〉日本経済評論社、2003年。

『世界のフードシステム』（共著）農林統計協会、2005年。

『農が拓く東アジア共同体』（共著）日本経済評論社、2007年。

等

食料自給は国境を超えて——食料安全保障と東アジア共同体

2016年10月25日　初版第1刷発行

著者 ——豊田　隆
発行者 ——平田　勝
発行 ——花伝社
発売 ——共栄書房
〒101-0065　東京都千代田区西神田2-5-11出版輸送ビル2F
電話　03-3263-3813
FAX　03-3239-8272
E-mail　kadensha@muf.biglobe.ne.jp
URL　http://kadensha.net
振替 ——00140-6-59661
装幀 ——三田村邦亮
印刷・製本——中央精版印刷株式会社

ISBN978-4-7634-0795-5 C3036

参照文献

邦文

愛知大学国際中国研究センター（2008）『海外進出する中国経済』〈叢書・現代中国学の構築へむけて3〉日本評論社

青木一能（2015）『アジアにおける地域協力の可能性』芦書房

浅川芳裕（2010）『日本は世界5位の農業大国――大嘘だらけの食料自給率』講談社

ASEAN + 3首脳会議（2009）「食料安全保障とバイオエネルギー開発に関するASEAN + 3協力に関するチャアム・ホアヒン声明」

天笠啓祐（2014）『TPPの何が問題か』緑風出版

飯盛文平（2016）「太平洋島嶼地域の伝統的社会の存立構造」『日本国際地域開発学会2016年春季大会』報告

井熊均、三輪泰史（2011）『グローバル農業ビジネス――新興国戦略が拓く日本農業の可能性』日刊工業新聞社

池上彰英（2014）「中国の農業保護政策と農業構造政策」『農業と経済』3月号

池戸重信（2013）「わが国における的確な食の安心・安全確保とは」『農業と経済』9月号

石川幸一、朽木昭文、清水一史編著（2015）『現代ASEAN経済論』文眞堂

石川幸一、清水一史（2015）「ASEANと日本――相互依存の深まりと対等な関係への変化」、石川幸一、朽木昭文、清水一史編著『現代ASEAN経済論』文眞堂

石田信隆（2012）「日中韓FTAと農業」『農林金融』12月

石田信隆（2013）「TPPと日本の経済連携戦略」『農林金融』11月

石田信隆（2014）「TPPから日中韓FTAとRCEPへの道」、国際アジア共同体学会『2014年第1回特別研究シンポジウム』

石毛直道（1998）『人類の食文化』農山漁村文化協会

磯邊俊彦（1985）『日本農業の土地問題』東京大学出版会

今井伸、上田剛（2007）「農民の、農民による、農民のための、食料安全保障特別事業（SPFS）――ラオス・インドネシア・スリランカおよびバングラデッシュでの経験に学ぶ」『Expert Bulletin for International Cooperation of Agriculture and Forestry』Vol.3、No.1、国際農林業協働協会

今村奈良臣（1996）「［論壇］東アジア地域で米の需給調整を」『朝日新聞』10月16日

今村奈良臣（2015）『私の地方創生論』農文協
ウォーラーステイン、イマニュエル（1974）『近代世界システム――農業資本主義と「ヨーロッパ世界経済」の成立』川北稔訳、岩波書店
馬田啓一（2013）「TPP と RCEP ―― ASEAN の遠心力と求心力」『国際貿易と投資』No.9
遠藤保雄（2008）「FAO 食料サミット」『世界の農林水産 FAO News』通巻 815 号、FAO 日本事務所
遠藤芳英（2011）「アジア諸国の食品安全スキームの地域協力」（アジア生産性機構農業部）、『第 8 回東アジア・フード・セキュリティー研究会』報告、日本農業研究所開催
大賀圭治（2007）「農作物のバイオマスエネルギー使用の拡大と穀物需給へのインパクト」、梶井功、服部信司編『世界の穀物需給とバイオエネルギー・日本農業年報 54』農林統計協会
大賀圭治（2008）「計り知れない世界食料需給への影響」『AFC フォーラム』
大賀圭治（2011）「環太平洋経済連携協定と東アジア共同体構想」『食品経済研究』39
大庭三枝（2004）「東アジアにおける食料安全保障協力の進展」『国際政治』135 号
大庭三枝（2007）「東アジアにおける食料安全保障協力」、進藤榮一、豊田隆、鈴木宣弘編『農が拓く東アジア共同体』日本経済評論社
大庭三枝（2014）『重層的地域としてのアジア――対立と共存の構図』有斐閣
長有紀枝（2012）『入門・人間の安全保障』中央公論新社
小田切徳美（2014）『農山村は消滅しない』岩波書店
外務省（2008）『政府開発援助（ODA 白書）2007 年版――日本の国際協力』
加賀爪優（2001）「国際備蓄構想とその市場安定化効果」『京都大学生物資源経済学研究』7 号
郭洋春（2013）『TPP ――すぐそこに迫る亡国の罠』三交社
郭洋春（2014）「米韓 FTA からみた TPP の本質」『国際アジア共同体学会 2014 年第 1 回特別研究シンポジウム』
柄谷行人（2011）『「世界史の構造」を読む』インスクリプト
柄谷行人（2014）『帝国の構造――中心・周辺・亜周辺』青土社
柄谷行人（2015）『世界史の構造』岩波現代文庫
カルダー、ケント・E（2012）「アジアの緑の成長を構築する」、国際アジア共同体学会『3.11 後の東アジア人間安全保障共同体をどう構築するのか』東北大学
木南莉莉（2009）『国際フードシステム論』農林統計出版

木南茉莉、中村俊彦（2011）『北東アジアの食料安全保障と産業クラスター』農林統計協会
ギル、ベイツ（2014）『巨龍・中国の新外交戦略』進藤榮一監訳、柏書房
黒崎岳大（2016）「太平洋島嶼地域の開発の潮流」『日本国際地域開発学会2016年春季大会』
黒柳米司、金子芳樹、吉野文雄編著（2015）『ASEANを知るための50章』明石書店
ケルシー、ジェーン（2011）「TPP交渉とニュージーランドの経験」『農業と経済』5月号
小泉達治（2007）『バイオエタノールと世界の食料需給』筑波書房
国際アジア共同体学会（2012）「東北宣言」『3.11後の東アジア人間安全保障共同体をどう構築するのか』東北大学
国際協力機構JICA（2004）『開発課題に対する効果的アプローチ、農業開発・農村開発』
国際協力機構JICA（2008）『［技術協力個別案件］タイ及びASEAN諸国における食糧安全保障計画（EAERR, AFSIS）』2004 − 2008年
国際協力機構JICA（2008）『［案件概要表］（タイ事務所）農業統計及び経済分析開発プロジェクト』2003 − 2008年
国際協力銀行（2008）『貧困プロファイル――フィリピン共和国』
国際協力事業団JICA（2002）『タイ国東アジア食料安全保障及び米備蓄管理システム計画調査事前調査報告書』
国際備蓄構想研究会（2001）『国際備蓄構想研究会報告』農水省
国連食糧農業機関（1996）『1996フードサミット声明』
国連食糧農業機関（2008）『世界の食料安全保障に関するハイレベル会合宣言』
国連食糧農業機関（2008）『途上国の食料価格高騰・食料危機報告書』
国連食糧農業機関（2010）『食品安全のためのEMPRES（緊急予防システム）長期戦略計画』
国連食糧農業機関（2011）『節約して栽培する（Save and Grow）、小規模農家による持続可能な農作物生産（SCPI）の強化のための政策立案者ガイド』
国連食糧農業機関・国際農業開発基金・世界食糧計画（2010）『飢餓克服連帯――世界食糧デー』
小林弘明（2008）「フードシステムとの関連からみたバイオマスエネルギーの動向と可能性」『日本フードシステム学会シンポジウム』
近藤芳喜（2011）「国際食品規格委員会コーデックスの現状と東アジア」『第8回東アジア・フード・セキュリティー研究会』日本農業研究所開催
財務省（2011）『貿易統計2010年版』

坂本清彦（2013）「TPP 交渉参加国の植物衛生検疫措置」『農業と経済』10 月号
作山功（2015）『日本の TPP 交渉参加の真実――その政策過程の解明』文眞堂
椎野幸平（2012）「東アジア地域包括的経済連携（RCEP）の可能性」『ERIA Policy Brief』
柴田明夫（2006）『資源インフレ』日本経済新聞出版社
柴田明夫（2007）『食糧争奪』日本経済新聞出版社
主要国首脳会議（2008）『世界の食料安全保障に関する首脳声明』（G8 洞爺湖サミット）、日本経済新聞
進藤榮一（2007）『東アジア共同体をどうつくるか』ちくま書房
進藤榮一（2007）「フードポリティックスを超えて」、進藤榮一、豊田隆、鈴木宣弘共編著『農が拓く東アジア共同体』、日本経済評論社
進藤榮一（2010）『国際公共政策――「新しい社会」へ』〈国際公共政策叢書２〉日本経済評論社
進藤榮一（2013）『アジア力の世紀』岩波新書
菅沼圭輔（2014）「中国――食糧の需要構造の変化と食料安全保障の課題」、谷口信和編『世界の農政と日本』農林統計協会
鈴木宣弘（2007）「東アジア共通農業政策の青写真」、進藤榮一、豊田隆、鈴木宣弘編『農が拓く東アジア共同体』日本経済評論社
鈴木宣弘（2013）「TPP の影響に関する政府試算の再検討」『農業と経済』10 号
鈴木宣弘、木下順子（2010）『食料を読む』日経文庫、日本経済新聞出版社
世界銀行（2008）『米価格高騰・アグフレーションとアジア経済報告書』
世界保健機関、食糧農業機関（2010）『国際食品安全当局ネットワーク（INFOSAN）』
関根久雄（2016）「太平洋島嶼地域におけるサブシステンス指向の生活と持続可能性」『日本国際地域開発学会 2016 年春季大会』
セン、アマルティア（2006）『人間の安全保障』統合えりか訳、集英社新書
髙野孟（2015）「リベラル派の 21 世紀大戦略としての『東アジア共同体』構想」、鳩山由紀夫他『なぜ、いま東アジア共同体なのか』花伝社
高橋五郎（2014）「日中食品貿易構造の変容」『中国の社会基層の変化と日中』日本経済評論社
高橋五郎（2014）『日中食品汚染』文春新書
谷口誠（2004）『東アジア共同体』岩波新書
谷口誠（2014）「米国のアジア戦略と TPP ――日本のとるべき対応」、国際アジア共同体学会『2014 年第 1 回特別研究シンポジウム』

谷野作太郎（2015）『外交証言録―アジア外交―回顧と考察』、服部龍二、若月秀和、昇亜美子編、岩波書店
ダワー、ジョン（2001）『敗北を抱きしめて』岩波書店
チュウ・チョン・シイアン、豊田隆（2010）「インドネシアにおける農村のエネルギーの持続可能な開発――中部ジャワ州における『エネルギー自立農村』の事例」『開発学研究』21巻1号
TPP政府対策本部（2013）（2015）『TPPとは、TPPの内容』内閣官房
暉峻衆三編（1996）『日本農業100年の歩み』有斐閣
ドーア、ロナルド（2012）『日本の転機――米中の狭間でどう生き残るか』ちくま新書
德田博美（2014）「大規模ミカン経営進展産地における技術構造」『農業経済研究』86巻2号
豊田隆（1985）「農村・農家実態調査」、古島敏雄・深井純一編『地域調査法』東京大学出版会
豊田隆（2001）『アグリビジネスの国際開発――農産物貿易と多国籍企業』農山漁村文化協会
豊田隆（2003）『農業政策』〈国際公共政策叢書10〉日本経済評論社
豊田隆（2004）「食品産業の海外投資――アジアとの共生を目指して」『食料政策研究』No.120、食料・農業政策研究センター
豊田隆（2005）「中南米諸国のフードシステム」「北米自由貿易協定と北米・中南米諸国」、堀口健治、下渡敏治編『世界のフードシステム』〈フードシステム学全集第8巻〉農林統計協会
豊田隆（2006）「共通農業政策をどうつくるか」、進藤榮一、平川均編『東アジア共同体を設計する』日本経済評論社
豊田隆（2006）「バイオマス利用と地域農業・農村の活性化」『人間と社会』17号
豊田隆（2007）「WTO・EPAと農業問題」、進藤榮一、豊田隆、鈴木宣弘共編著『農が拓く東アジア共同体』日本経済評論社
豊田隆（2007）「果実輸出戦略を設計する――OLI国際視点からみた3つの優位性（果実輸出戦略検討委員会座長ペーパー）」『果実王国日本・ブランドで輸出拡大を』中央果実生産出荷安定基金協会
豊田隆（2007）「食料供給とエネルギー供給のバランス」、石油学会『ペトロテック』
豊田隆（2008）「食料危機、食料備蓄、食の安心」『国際アジア共同体ジャーナル』1号
豊田隆（2009）「東アジア・フード・セキュリティーの地域協力」、平川均、小

林尚朗、森本晶文編『東アジア地域協力の共同設計』明治大学・軍縮平和研究所、西田書店
豊田隆（2009）「東アジアにおけるフード・セキュリティーの地域協力――東アジア緊急米備蓄（EAERR）とASEAN食料安全保障情報システム（AFSIS）の経験」『2009年度日本農業経済学会論文集』
豊田隆（2009）「東アジア緊急米備蓄（EAERR）の公共性の論点と政策提案」『東アジア・シンクタンク・ネットワーク（NEAT）』食料安全保障作業部会国内会合、日本国際フォーラム
豊田隆（2009）「WTO・EPA推進に向けたわが国の課題と対応策」『月刊・経済トレンド』57（6）
豊田隆（2010）「東アジア緊急米備蓄（EAERR・APTERR）における備蓄と放出の構造」『2010年度日本農業経済学会』
豊田隆（2011）「ASEAN食料安全保障情報システム（AFSIS）の現状と展望」『開発学研究（JADS）』22巻2号
豊田隆（2011）「農業EPAが加速する経済統合」、国際アジア共同体学会編・進藤榮一監修『東アジア共同体と日本の戦略』桜美林大学北東アジア総合研究所
豊田隆（2012）「東アジアの食料安全保障の地域協力に関する研究」『［科学研究費］2009 – 2011年』日本学術会議
豊田隆（2014）「アジア食料安全保障の道――アジア食料協力から共通食料政策へ」『国際アジア共同体学会秋季大会』桜美林大学
豊田隆（2014）「日本農業6次産業化の道――アジアと共生する新産業の創造」『霞ヶ関アジア中国塾開学記念・国際シンポジウム』日本記者クラブ
豊田真穂（2007）『占領下の女性労働改革――保護と平等をめぐって』勁草書房
中川十郎（2014）「TPPの問題点――食の安全から論ずる」『国際アジア共同体学会・東アジア共生会議』
中嶋康博（2002）「グローバル時代の食品安全性問題と公共政策の役割」『農業経済研究』74巻2号
中野剛志編（2013）『TPP黒い条約』集英社新書
中村靖彦（2014）『TPPと食料安保』岩波書店
南石晃明（2010）『東アジアにおける食のリスクと安全確保』農林統計出版
新山陽子（2010）「食品安全問題における北東アジアの連携の可能性」『農業と経済』2010年3月号
西口清勝（2014）「TPPとRCEP――比較研究と今後の日本の進路に関する一考察」『立命館経済学』62巻5/6号

21世紀研究会（2004）『食の世界地図』文藝春秋
日中韓FTA共同研究委員会（JSC）（2013）『日中韓FTA産官学共同研究報告書』
日本国際地域開発学会（2016）「太平洋島嶼地域の開発課題」『日本国際地域開発学会2016年春季大会』
日本貿易振興機構（2011）『わが国農林水産物・食品の輸出拡大に向けての阻害要因調査』
丹羽宇一郎（2013）『北京烈日——中国で考えた国家ビジョン2050』文藝春秋
農水省（2005）『平成16年度食料・農業・農村の動向』
農水省（2005）「食料・農業・農村政策審議会企画部会・基本計画策定審議会記録」『食料・農業・農村基本計画　関係資料』
農水省（2007）『我が国農林水産物・食品の総合的な輸出戦略』
農水省（2008）『海外食料需給レポート2007』
農水省（2013）「農産物貿易交渉」『平成24年食料・農業・農村白書』
農水省（2013）『農業・食料関連産業の経済計算速報』
農水省（2014）「TPP交渉の現状」『食料・農業・農村政策審議会』
農水省統計企画課（2003、2008）『ASEAN食料安全保障情報システム（AFSIS）構築プロジェクトについて』農水省
野村健、納家政嗣編（2015）『緒方貞子回顧録』岩波書店
萩原伸次郎（2013）『TPP——アメリカ発第3の構造改革』かもがわ出版
廿日出津海雄、豊田隆（2006）「葉たばこ契約栽培への農民の参加」『農業経済研究06年論文集』
服部信司（2011）『TPP問題と日本農業』農林統計協会
鳩山由紀夫（2012）「持続可能な世界と東アジア共同体への道」、国際アジア共同体学会『3.11後の東アジア人間安全保障共同体をどう構築するのか』東北大学
鳩山由紀夫他（2015）『なぜ、いま東アジア共同体なのか』花伝社
速水佑次郎（2000）『開発経済学』創文社
原洋之介（2000）「グローバリズムの終焉」『農業経済研究』72巻2号
原洋之介（2002）『開発経済論』岩波書店
原洋之介（2008）「東アジアの中での日本の食料安全保障とは」『ERINA REPORT』Vol. 80
原洋之介（2013）『アジアの「農」・日本の「農」』書籍工房早川
ハリス、マービン（2001）『食と文化の謎』岩波書店
樋口倫生（2014）「積極的にFTAを推進する韓国」『農業と経済』3月号
久野秀二（2011）「国連『食料への権利』論と国際人権レジームの可能性」、村

田武編著『食料主権のグランドデザイン』農文協
久野秀二（2012）「米国農業関連業界はTPPに何を求めているのか」『農業と経済』5月号
平尾雅彦、山田正仁、豊田隆（2007）「座談会：食料とエネルギー供給のバランス」石油学会『ペトロテック』30巻11号
平川均「東アジアの地域統合におけるASEANの役割」『国際アジア共同体ジャーナル』1号
平川均（2009）「地域協力の時代」、平川均、小林尚郎、森元晶文編『東アジア地域協力の共同設計』西田書店
ピルズベリー、マイケル（2015）『China 2049――秘密裏に遂行される「世界覇権100年戦略」』野中香方子訳、日経BP社
藤岡典夫（2005）「予防原則の意義」『農林水産政策研究』8号
古沢広祐（2010）「食・農・環境をめぐるグローバル・ガバナンス」『農業と経済』4月臨時増刊号
古島敏雄、深井純一編（1985）『地域調査法』東京大学出版会
ヘイトン、ビル（2015）『南シナ海――アジアの覇権をめぐる闘争史』安原和見訳、河出書房新社
本間正義（2008）「日中韓FTAにおける農業問題」、阿部一知、浦田秀次郎『日中韓FTA――その意義と課題』日本経済評論社
前田幸嗣、狩野秀之（2008）「国際コメ備蓄による食料安全保障と市場安定化――空間均衡モデルによる計量分析」『農業経済研究』79巻4号
真嶋良孝（2011）「食料危機・食料主権と『ビア・カンペシーナ』」、村田武編著『食料主権のグランドデザイン』農文協
南口直樹（2008）「食料安全保障情報システム入門―FIVIMSを中心に―食料不安脆弱性情報地図システム」『世界の農林水産FAO News』2008 Winter(813) ～ 2010Spring (818)、国際農林業協働協会
宮田敏之（2011）「米――世界食糧危機と米の国際価格形成」、佐藤幸男編『国際政治モノ語り』法律文化社
村田泰夫（2007）「食糧のエタノール利用の衝撃波」『食糧の奪い合いが始まった』、農政ジャーナリストの会『日本農業の動き161』
毛利良一（2010）「投機資金による資源・穀物市場の攪乱と国際的規制」『農業と経済』4月臨時増刊号
八木宏典編（2008）『経済の相互依存と北東アジア農業――地域経済圏形成下の競争と協調』東京大学出版会
矢吹晋（2016）『南シナ海領土紛争と日本』花伝社
山尾政博（2007）「東アジア巨大水産物市場圏の形成と水産物貿易」『漁業経済

研究』51巻2号
山崎亮一（2014）『グローバリゼーション下の農業構造動態――本源的蓄積の諸類型』御茶の水書房
柳京熙（2008）「アジア米備蓄安定供給システム構築のために――日韓の連携・協力の仕組みづくり」『JA総研レポート』vol. 7
若松謙維監修（2011）『日本の食卓を守る食料安全保障政策』雄山社
渡邊啓貴（2015）『世界からみたアジア共同体』芦書房

欧文

Ahmazai, Khal Mohammad & Takashi Toyoda (2012) "Food Security and Rural Poverty in Afghanistan: A case study of Poverty level in Takhar province of Afghanistan," *Japanese Journal of Farm Management*, 50-1
AMF+3(2008) *Joint Press Statement,* Hanoi, 8th AMF+3
ASEAN(2012) *Guideline Principle and Objective for Negotiating the RCEP*, ASEAN
ASEAN Food Security Information System AFSIS (2007) *Project on Development of ASEAN Food Security Information System(AFSIS) Second Phase Project Implementation Plan,* AFSIS
ASEAN Food Security Information System AFSIS(2008) *Progress Report ASEAN Food Security Information System (AFSIS) Project,* SOM-29, AMF, 5-7 Chiang Mai, Thailand, AFSIS
ASEAN Food Security Information System AFSIS(2008) *ASEAN Early Warning Information*, AFSIS
ASEAN Food Security Information System AFSIS(2008) *Activity Plan for Mutual Technical Cooperation,* AFSIS
ASEAN Food Security Information System AFSIS(2008) *Evaluation of AFSIS Project-1st Phase and Implementation Plan of the 2nd Phase*, AFSIS
ASEAN Food Security Information System AFSIS(2010): Report on ASEAN Agricultural Commodity Outlook, No.4, AFSIS Center, Thailand
ASEAN Food Security Information System AFSIS(2010) *AFSIS Proposal on Post-2012 AFSIS Concept Note*, AFSIS
Baldwin, Richard & Masahiro Kawai (2013)"Multilateralizing Asian Regionalism", *ADBI,* No.431, Tokyo
Christensen, Thomas J.(2015) *The China Challenge: Shaping the Choice of a Rising Power,* W. W. Norton & Company
Ding, Anping and Takashi Toyoda(2006) "Bio-mass Energy Development in Hei-

longjiang Province of China", *Journal of Rural Economics, Special Issue*
Dunning, J. H. (1993) *Multinational Enterprises and the Global Economy,* England, Addison-Wesley
EAERR (2004) *Brochure of East Asian Emergency Rice Reserve,* EAERR
EAERR (2005) *Guidelines for the Release of East Asia Emergency Rice Reserve (EAERR) Stocks*, PSC, EAERR
EAERR (2005) *Lao PDR–EAERR Cooperation Project Poverty Alleviation and Malnourishment Eradication (PAME),* MOAF, Lao PDR and EAERR Pilot Project, 2004-05, Vangkhi Village, Hinheup District, Vientiane Province, Laos, EAERR
EAERR (2007) "Prime Agency in Main Assignment in Each Country", *Final Report of the Evaluation of the Pilot Project of East Asian Emergency Rice Reserve,* EAERR
EAERR (2003, 2004, 2005, 2006, 2007, 2008) *Project Steering Committee (PSC) Meeting Report of EAERR*, Vol. 1-9
FAO (2003) *Trade Reforms and Food Security,* UNFAO
FAO (2010) *Emergency Prevention System : EMPRES for Food Safety Strategic Plan*, UNFAO
FAO (2011) *Save and Grow: A Policymaker's Guide to the Sustainable Intensification of Smallholder Crop Production,* UNFAO
FAO (2011) *"Food Prices : From Crisis to Stability"*, UNFAO
Hayami, Yujiro (1998) *Development Economics: From Poverty to the Wealth of Nation,* Oxford University Press
JICA (2008) *Agricultural Statistics and Economic Analysis Development Project in Thailand : ASEAD 2003-2008*, JICA
Muenthaisong, Kasinee & Takashi Toyoda (2006) "The Study of Thai-Japanese Joint Venture Agribusiness: Asparagus Contract Farming System", *JADS*, 17.1
Ohga, Keiji (2009) "Report :NEAT Working Group on East Asian Food Security", The Network of East Asian Think Tanks (NEAT), The Japan Forum on International Relations (JFIR)
Ooba, Mie (2009) "Food Security Cooperation in East Asia," The Network of East Asian Think Tanks (NEAT), WG on East Asian Food Security, JFIR
Pongsrihadulchai, A. (2008) *Development of Activity Plan for Commodity Outlook and Early Warning :Information,* AFSIS
Porter, M. (1998) *The Comparative Advantage of Nations*, The Free Press,

NY
Sidik, Mulyo, Yihong Zheng & Takashi Toyoda (2009) "Structure and Prospect of East Asia Emergency Rice Reserve (EAERR)," Report of JSRAD
Tansey, Geoff & Rajotte Tasmin (2008) *The Future Control of Food, A Guide to International negotiations and Rules on Intellectual Property, Biodiversity and Food Security* , Earthscan, UK
Toyoda, Takashi (2009) "Proposal for Common Food Security Policy in East Asia," The Network of East Asian Think Tanks (NEAT) WG. on East Asian Food Security, The Japan Forum on International Relations JFIR
Toyoda, Takashi (2010) "Food Security Cooperation and Common Agricultural Policy in East Asia", *International Journal of Asian Community*, 2
Toyoda, Takashi (2013) "Food security corporation in East Asia and Common Agriculture Policy: Introduction to APTERR, AFSIS and food safety program", Key Note Presentations of 10th Workshop of Food Security in East Asia, jointly sponsored by KMITL, TUAT and UN FAO at FAO Regional Office for Asia and the Pacific, RAP, Bangkok, Thailand
Toyoda, Takashi (2013) "Food Safety System Co-design in East Asia: Institutional Linkage of Cooperation between International organization FAO: RAP and Regional organization ASEAN, AIFS", Hanyang University, KIFE Seminar, Seoul, Korea
Toyoda, Takashi (2015) "Road to Asian Food Security", EIAS Briefing Seminar, European Institute of Asian Studies, EIAS Brussels, Belgian
Toyoda, Takashi and Managi, Shunsuke (2004) "Environmental Policies For Agriculture in Europe, International Journal of Agricultural Resources," *Governance and Ecology,* Vol. 3. Nos. 3/4
Toyoda, Takashi and Suwunnamek, Opal (2011) "Regional Cooperation for Food Security in East Asia: From Rice Reserve APTERR and Information System AFSIS to Common Agricultural Policy", 7th Asian Society of Agricultural Economists (ASAE), International Conference, Hanoi, Vietnam
Wallach, Lori and Tucker, Todd (2012) "Public Interest Analysis of Leaked Trans-Pacific Partnership (TPP) Investment Text", Public Citizen's Global Trade Watch, June13, 20
Wattanutchariya, Sarun (2010) *Midterm evaluation report: AFSIS Project (2nd Phase)*, AFSIS
Williamson, O.E. (1985) "Strategic Economizing and Economic Organiza-

tion" *Strategic Management Journal*, 12
Williamson, O.E.(1991) Economic Institution of Capitalism, The Free Press, NY
Zheng, Yihong (2010) "Regional Cooperation on Food Security in East Asia: Development, Structure and Prospect of EAERR in ASEAN + 3", *Master Paper* of TUAT